高职高专"十三五"规划教材·电子类

单片机原理及应用

主　编　李　伟
副主编　孙雷明　施利春
参　编　季小榜　张晓冬

U0379192

西安电子科技大学出版社

内容简介

本书系统介绍了单片机技术的相关知识。全书共 9 章，包括绪论、80C51 的结构和原理、单片机 C 语言开发基础、单片机的中断系统、单片机的定时器/计数器、单片机串行通信技术、单片机接口技术、单片机模/数和数/模器件的应用、综合实践等。本书在内容上遵循认知成长规律，深浅适度，注重实践和动手能力的培养。通过本书的学习可使读者理解和掌握单片机技术的基本理论和应用设计方法，为后续相关课程的学习奠定基础。

本书可作为高职高专院校电子相关专业的教材，也可作为单片机技术开发人员的参考书。

图书在版编目(CIP)数据

单片机原理及应用/李伟主编. —西安：西安电子科技大学出版社，2019.1
ISBN 978 - 7 - 5606 - 5182 - 8

Ⅰ. ① 单… Ⅱ. ① 李… Ⅲ. ① 单片微型计算机 Ⅳ. ① TP368.1

中国版本图书馆 CIP 数据核字(2019)第 007008 号

策划编辑 马晓娟
责任编辑 马晓娟
出版发行 西安电子科技大学出版社(西安市太白南路 2 号)
电 话 (029)88242885 88201467 邮 编 710071
网 址 www. xduph. com 电子邮箱 xdupfxb001@163. com
经 销 新华书店
印刷单位 陕西利达印务有限责任公司
版 次 2019 年 1 月第 1 版 2019 年 1 月第 1 次印刷
开 本 787 毫米×1092 毫米 1/16 印张 14.5
字 数 338 千字
印 数 1～3000 册
定 价 30.00 元

ISBN 978 - 7 - 5606 - 5182 - 8/TP

XDUP 5484001 - 1

＊＊＊如有印装问题可调换＊＊＊

本社图书封面为激光防伪覆膜，谨防盗版。

前　言

　　本书是针对高职高专院校单片机教学的特点而编写的。书中将单片机的相关理论知识和实践任务有机地结合到一起，涵盖了单片机技术的基础知识点和基本操作技能的应用，并引入了大量的任务以巩固和提高学生的单片机应用技能。本书严格遵循从基础着手，循序渐进，突出技能，适度、够用等原则。

　　在编写本书时，我们充分考虑到了实用性和灵活性，每一部分理论讲解和动手实践均从基础展开，既具有系统性，又具有针对性，力求做到：单独拿出理论部分可作为一本单片机理论教材，单独拿出实践任务部分可作为一本单片机实训教材，结合到一起又可作为一体化教材，以便不同需求者使用。在编写本书时，我们给每一部分都配备了丰富的教学和学习资源，如程序代码和仿真电路等，以最大限度地满足教师教学需要和学生学习需要。同时，本书还介绍了我们独立开发的单片机开发板，在综合实践部分中对单片机开发板的设计做了详细介绍，方便使用者对书中所讲内容和实验代码进行验证和理解，或将该开发板作为进一步学习和开发的工具。

　　为了与本书中使用的软件一致，书中电路元器件的画法和标注未使用相应的国标；又考虑到书中有较多程序，因此变量等统一使用了正体。

　　本书共9章，其中，河南职业技术学院李伟负责整体规划及统稿，并编写了第2章的2.1节；河南职业技术学院施利春编写了第1章和第6章；郑州轻工业大学张晓冬编写了第3章；河南职业技术学院孙雷明编写了第2章除2.1节外的其他部分和第4章；河南职业技术学院季小榜编写了第5、7、8、9章。

　　由于编者水平和经验有限，书中难免有疏漏之处，恳请读者批评指正。

编　者

2018 年 11 月

目　录

第 1 章　绪　论

1.1　电子计算机概述

1.1.1　电子计算机的经典结构

计算机已成为人类学习、工作中不可缺少的工具。在学习计算机的基本操作之前，首先要了解计算机的发展史、计算机的特点、计算机的分类以及计算机的应用和工作原理，掌握计算机硬件系统、软件系统的组成。

世界上第一台真正意义上的数字计算机于 1946 年在美国宾夕法尼亚大学诞生，取名为电子数值积分计算机（Electronic Numerical Integrator and Calculator，ENIAC），如图 1-1 所示。ENIAC 奠定了计算机的发展基础，在计算机发展史上具有划时代的意义，被公认为计算机的始祖，它的问世标志着计算机时代的到来，对人类的生产和生活方式产生了巨大的影响。

图 1-1　ENIAC 计算机

目前，计算机的应用已经渗透到科研、教育、医药、工商、政府、家庭等领域，应用类型主要包括科学计算、数据处理、办公自动化（OA）、电子商务（EB）、过程控制、计算机辅助设计（CAD）、计算机辅助教学（CAI）、计算机辅助制造（CAM）、人工智能（AI）、虚拟现实、多媒体技术应用、计算机网络通信等。根据计算机的性能和使用的主要元器件的不同，一般将计算机的发展分成四个阶段：

- 电子管计算机（第一代计算机）：发展时间为从 1947 年到 1957 年的近 11 年的时间，其采用电子管作为主要的逻辑元件，应用在科学计算和军事等方面。主要特点：存储量小，体积庞大，价格昂贵，功耗巨大，运算速度慢。

- 晶体管计算机(第二代计算机):发展时间为从 1958 年到 1964 年的近 7 年的时间,其采用晶体管作为主要的逻辑元件。晶体管计算机的主存储器还是用磁芯,外存储器开始用磁盘。主要特点:存储量增加,运算速度得到了明显的提高。
- 集成电路计算机(第三代计算机):发展时间为从 1965 年到 1970 年的近 6 年的时间,其采用中、小规模集成电路代替分立元件晶体管。这时,计算机开始广泛应用于大型企业中的工业控制、数据处理和科学计算等各个领域。
- 大规模集成电路、超大规模集成电路计算机(第四代计算机):发展时间为从 1971 年直到现在。主要特点:集成程度更高,计算机更加微型化,运算速度达到每秒上亿次,计算机的外部设备向高性能、多样化发展,软盘和硬盘得到推广。

美籍匈牙利数学家冯·依曼(John von Neumann)于 1946 年提出了计算机设计的三个基本思想:

- 计算机由运算器、控制器、存储器、输入设备和输出设备五个基本部分组成。
- 采用二进制形式表示计算机的指令和数据。
- 将程序(由一系列指令组成)和数据存放在存储器中,计算机依次自动地执行程序。

冯·诺依曼设计的计算机工作原理是将需要执行的任务用程序设计语言写成程序,与需要处理的原始数据一起通过输入设备输入并存储在计算机的存储器中,即"程序存储";在需要执行时,由控制器取出程序并按照程序规定的步骤或用户提出的要求,向计算机的有关部件发布命令并控制它们执行相应的操作,执行的过程不需要人工干预,自动连续进行,即"程序控制"。冯·诺依曼提出"程序存储"和"二进制运算"的思想,构建了计算机经典结构,如图 1-2 所示。

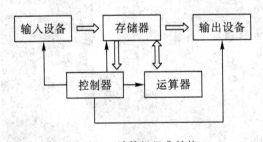

图 1-2 计算机经典结构

从图 1-2 中可见,计算机的经典结构由五个部分组成。

(1) 控制器。控制器是整个计算机的指挥控制中心,它从存储器取出相应的控制信息,经过分析后,按照要求向其他的设备发出控制信号,使计算机中的各部件正常协调地工作。

(2) 运算器。运算器是计算机中的数据处理场所。大量数据的运算和处理工作就是在运算器中完成的。运算主要包括基本算术运算和基本逻辑运算。

(3) 存储器。存储器在计算机中用来存放中间数据和程序运行结果,并可根据指令要求提供给有关设备使用。计算机中的存储器可分为主存储器(内存)、辅助存储器(外存)和高速缓冲存储器。

(4) 输入设备。输入设备的主要作用是把程序和数据等信息转换成计算机所能识别的编码形式,并按顺序送到内存。常见的输入设备有键盘、鼠标、扫描仪、数码相机等。

（5）输出设备。输出设备的主要作用是把计算机处理的数据、计算结果等内部信息转换成人们所能识别的文字、图形、图像和声音等信息并输出。

1.1.2　微型计算机的组成及其应用形态

1. 微型计算机的组成

一个完整的计算机系统由硬件系统和软件系统两部分组成，如图 1-3 所示。计算机控制系统的硬件是完成控制任务的设备基础，而整个计算机系统的动作都是在软件的指挥下协调进行的，因此说软件是计算机控制系统的中枢神经。软件的质量关系到计算机运行和控制效果的好坏、硬件功能的充分发挥和推广应用。

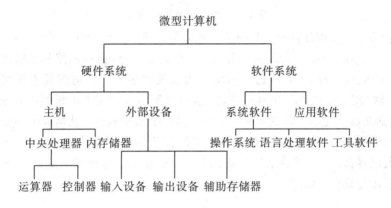

图 1-3　计算机系统组成

1）硬件系统

计算机硬件系统是指构成计算机的所有实体部件的集合，通常这些部件由电路（电子元件）、机械等物理部件组成，它们都是看得见摸得着的，故通常称为硬件，它是计算机系统的物质基础。绝大多数计算机都是根据冯·诺依曼计算机体系结构的思想来设计的，故具有共同的基本配置，即由五大部件组成。

2）软件系统

利用电子计算机进行计算、控制或做其他工作时，需要应用各种用途的程序。

所谓软件，是指为运行、维护、管理、应用计算机所编制的所有程序及文档的总和。计算机软件一般分为两大类：系统软件和应用软件。

（1）系统软件。系统软件用于实现计算机系统的管理、调度、监视和服务等功能，其目的是方便用户，提高计算机使用效率，扩充系统的功能。

（2）应用软件。应用软件是用户利用计算机来解决某些问题所编制的程序，如工程设计程序、数据处理程序、自动控制程序、企业管理程序、情报检索程序、科学计算程序等。随着计算机的广泛应用，这类程序的种类越来越多。

2. 微型计算机的应用形态

1971 年 1 月，英特尔公司的特德·霍夫在与日本商业通讯公司合作研制台式计算器时，将原始方案的十几个芯片压缩成 3 个集成电路芯片。其中的两个芯片分别用于存储程序和数据，另一芯片集成了运算器和控制器（即 CPU），称为微处理器。微处理器、存储器和 I/O 接口电路构成微型计算机，各部分通过地址总线（AB）、数据总线（DB）和控制总线

(CB)相连，如图1-4所示。在微型计算机基础上，再配以系统软件、I/O设备便构成了完整的微型计算机系统，人们将其简称为微型计算机（微机）。

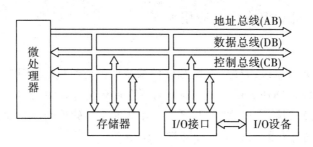

图1-4　微型计算机的组成

从应用形态上，微型计算机可以分成两种：多板机（系统机）和单片机（嵌入式系统）。

（1）多板机（系统机）。多板机将微处理器、存储器、I/O接口电路和总线接口等组装在一块主机板（即微机主板）上，再通过系统总线和其他多块外设适配板卡连接键盘、显示器、打印机、软/硬盘驱动器及光驱等设备。各种适配板卡插在主机板的扩展槽上，并与电源、软/硬盘驱动器及光驱等装在同一机箱内，再配上系统软件，就构成了一台完整的微型计算机系统，简称多板（系统）机。目前人们广泛使用的个人计算机（PC）就是典型的多板机。由于其人机界面好、功能强、软件资源丰富，通常用于办公或家庭的事务处理及科学计算，属于通用计算机，如图1-5所示。

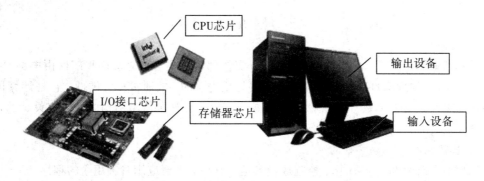

图1-5　桌面应用微机

（2）单片机（嵌入式系统）。单片机是指以应用为中心，以计算机技术为基础，软件硬件可裁剪，适应应用系统对功能、可靠性、成本、体积、功耗严格要求的专用计算机系统，如图1-6所示。嵌入式系统主要由嵌入式微处理器、外围硬件设备、嵌入式操作系统以及用户应用软件等部分组成。它具有"嵌入性"、"专用性"和"计算机系统"三个基本要素。

嵌入式应用计算机可以分为：ARM系列、DSP（TMS320系列）、单片机（C51系列）和嵌入式片上系统SoC。

系统机（桌面应用）与单片机比较：嵌入式系统与通用计算机系统有着完全不同的技术要求和技术发展方向。通用计算机系统的技术要求是高速、海量的数值计算，其技术发展方向是总线速度的无限提升、存储容量的无限扩大；嵌入式计算机系统的技术要求则是智能化控制，技术发展方向是与对象系统密切相关的嵌入性能、控制能力与控制的可靠性不断提高。

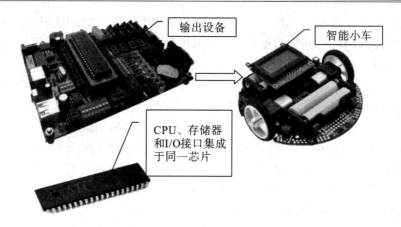

图 1-6 嵌入式应用微机

1.2 单片机的发展过程及产品

1.2.1 单片机的发展过程

1. 单片机形成阶段

1976 年，Intel 推出 MCS-48 系列单片机。

性能：8 位 CPU；1 KB 程序存储器 ROM；64 B 数据存储器 RAM；27 根 I/O 接口线；1 个 8 位定时器/计数器和 2 个中断源。

特点：首先完成了在单个芯片内集成 CPU、存储器、I/O 接口等部件；但存储器容量小，寻址范围小(不大于 4 K)，无串行口，指令系统功能不强。

2. 单片机结构成熟阶段

1980 年，Intel 推出 MCS-51 系列单片机。

性能：8 位 CPU；4 KB 程序存储器 ROM；128 B 数据存储器 RAM；32 根 I/O 接口线；2 个 8 位定时器/计数器；5 个中断源和 2 个优先级；1 个全功能串行口。

特点：存储器容量大，寻址范围扩大(64 K)，指令系统功能强大。

现在，MCS-51 已成为公认的单片机经典产品。

3. 单片机性能提高阶段

近几年，Intel 推出 MCS-51 高性能系列单片机，如 C8051F120。

性能：8 位高速 CPU(100MIPS)；128 KB 程序存储器 ROM(Flash)；8 KB 数据存储 RAM；5 个 8 位定时器/计数器；20 个中断源；8 个 8 位并行 I/O 口、2 个 UART，另有SMBus 和 SPI 总线接口；增益可编程 8 路 12 位 ADC、2 路 12 位 DAC；1 个全功能串行口。

特点：片上接口丰富，控制能力突出，芯片型号种类繁多。

1.2.2 单片机产品近况

1. 80C51 系列单片机产品繁多，主要地位已经形成

8051 系列单片机指的是 MCS-51 系列和其他公司的 8051 派生产品。这些派生产品是

在基本型基础上增强了各种功能的产品，如高级语言型、Flash 型、EEPROM 型、A/D型、DMA 型、多并行口型、专用接口型和双控制器串行通信型等。Atmel 公司的 AT89 系列单片机把 8051 内核与其 Flash 专利存储技术相结合，具有较高的性价比。Philips公司具有丰富的外围部件，是 8051 系列单片机品种最多的生产厂家。Dallas 公司和 Infineon 公司的单片机增加了数据指针和运算能力。ADI 公司和 TI 公司把 ADC、DAC 和 8051 内核结合起来，推出了微转换器系列芯片。Cypress 公司把 8051 内核和 USB 接口结合起来，推出了 USB 控制器芯片。Silicon Labs 公司的片上系统（System of Chip，SoC）单片机 C8051F 系列改进了 8051 内核，具有 JTAG 接口，可实现在线下载和调试程序。目前这些增强型 8051 系列产品都基于 CMOS 工艺，故又称 80C51 系列。它们给 8 位单片机注入了新的活力，为它的开发应用开拓了更加广泛的前景。

2. 非 80C51 结构单片机不断推出，给用户提供广泛的选择空间

具有代表性的非 80C51 产品有由 Microchip 公司推出的 PIC 系列单片机（品种多便于选型，如汽车附属产品）；由 TI 公司推出的 MSP430F 系列单片机（16 位，低功耗，如电池供电产品）；由 Atmel 公司推出的 AVR 和 ATmega 系列单片机（不易解码，如军工产品）。

1.3　单片机的特点及应用领域

1.3.1　单片机的特点

1. 突出的控制性能

用单片机设计的产品可靠性较高，CPU、存储器及 I/O 接口集成在同一芯片上，数据传送不易受运行环境的影响；控制功能强，CPU 可以对 I/O 端口直接进行操作，位控制能力更是其他计算机无法比拟的。

- 新产品单片机各个功能进一步增强；
- 内部集成高速 I/O、ADC、PWM、WDT 等部件；
- 低电压、低功耗、网络、在线编程功能增强。

2. 优秀的嵌入品质

- 单片机价格低廉——适用于大批量、低成本的产品设计；
- 单片机品种和型号多——适用于广泛的应用领域；
- 单片机的引脚少、体积小——应用系统的印制板（PCB）减小，产品结构精巧。

1.3.2　单片机的应用领域

由于单片机具有良好的控制性能和灵活的嵌入品质，近年来在各种领域都获得了极为广泛的应用。

1. 智能仪器仪表

单片机用于各种仪器仪表，一方面提高了仪器仪表的使用功能和精度，使仪器仪表智能化，同时还简化了仪器仪表的硬件结构，从而可以方便地完成仪器仪表产品的升级换代。典型产品有各种智能电气测量仪表、智能传感器等。

2. 机电一体化产品

机电一体化产品是集机械技术、微电子技术、自动化技术和计算机技术于一体,具有智能化特征的各种机电产品。单片机在机电一体化产品的开发中可以发挥巨大的作用。典型产品有机器人、数控机床、自动包装机、点钞机、医疗设备、打印机、传真机、复印机等。

3. 实时工业控制

单片机还可以用于各种物理量的采集与控制。电流、电压、温度、液位、流量等物理参数的采集和控制均可以利用单片机方便地实现。在这类系统中,利用单片机作为系统控制器,可以根据被控对象的不同特征采用不同的智能算法,实现期望的控制指标,从而提高生产效率和产品质量。典型应用有电机转速控制、温度控制、自动生产线等。

4. 分布系统的前端模块

在较复杂的工业系统中,经常要采用分布式测控系统完成大量的分布参数的采集。在这类系统中,采用单片机作为分布式系统的前端采集模块,系统具有运行可靠,数据采集方便灵活,成本低廉等一系列优点。

5. 家用电器

家用电器是单片机的又一重要应用领域,前景十分广阔。典型产品有空调器、电冰箱、洗衣机、电饭煲、高档洗浴设备、高档玩具等。

另外,在交通领域中,汽车、火车、飞机、航天器等均有单片机的广泛应用,如汽车自动驾驶系统、航天测控系统、黑匣子等。

1.4 单片机应用系统开发流程

单片机应用系统是指以单片机芯片为核心,配以一定的外围电路和软件,能实现要求功能的应用系统。单片机应用系统的开发工作主要包括应用系统硬件电路的设计和单片机控制程序的设计两个部分,其中又以单片机控制程序的设计为核心。

在单片机应用系统的硬件系统设计完成之后,还应配备相应的应用软件。正确无误的硬件设计和良好的软件功能设计是一个实用的单片机应用系统的设计目标。完成这一目标的过程称为单片机应用系统的开发。虽然单片机的硬件选型不尽相同,软件编写也千差万别,但系统的研制步骤和方法是基本一致的,一般都分为总体设计、硬件电路的构思设计、软件的编制和仿真调试几个阶段。单片机应用系统的开发流程如图 1-7 所示。

1. 设计原则

一般来说,单片机应用系统的设计原则是:

- 系统功能应满足生产要求;
- 系统运行应安全可靠;
- 系统具有较高的性能价格比;
- 系统易于操作和维护;
- 系统功能应灵活,便于扩展;
- 系统具有自诊断功能;
- 系统能与上位机通信或并用。

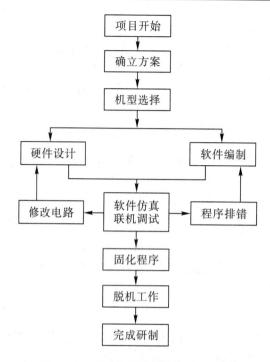

图 1-7 单片机应用系统的开发流程

在这些原则中,适用、可靠、经济最为重要。对于一个应用系统的设计要求,应根据具体任务和实际情况进行具体分析后提出。

2. 可行性分析

设计者在开始单片机应用系统开发之前,除了需要掌握单片机的硬件开发及程序设计方法外,还需要对整个系统进行可行性分析和系统总体方案分析。这样,可以避免因盲目地工作而浪费宝贵的时间。可行性分析用于明确整个设计任务在现有的技术条件和个人能力上是可行的。

首先,要保证设计要求可以利用现有的技术来实现。一般可以通过查找相关文献、寻找类似设计等方法找到与该任务相关的设计方案。这样可以参考这些相关的设计,分析该项目是否可行以及如何实现。如果设计的是一个全新的项目,则需要了解该项目的功能需求、体积和功耗等,同时需要对当前的技术条件和器件性能非常熟悉,以确保合适的器件能够完成所有的功能。

其次,需要了解是否具备整个项目开发所需要的知识。如果不具备,则需要估计在现有的知识背景和时间限制下能否掌握并完成整个设计。必要的时候,可以选用成熟的开发板来加快学习和程序设计的速度。

3. 确立方案

完成可行性分析后,便进入系统总体方案设计阶段。设计者可参考前面可行性分析中查找到的相关资料及本系统的应用要求和现有条件,初步规划本设计所采用的器件以及实现的功能和技术指标。接着,制定合理的时间计划表,编写设计的任务书,从而完成系统总体方案设计。

4. 机型选择

机型选择时应注意以下事项：

- 仔细调查市场，尽量选用主流的、货源充足的单片机型号，这些器件使用的比较广泛，有许多设计资料供学习或参考。
- 尽量选择所需的硬件资源，如 ADC、DAC、I^2C、SPI 和 USB 等集成在单片机内部的型号，这样便于整个控制系统的软件管理，减少外部硬件的投入，缩小整体电路板面积，从而减少总体投资等。
- 对于手持式设备、移动设备等需要低功耗设备，尽量选择低电压、低功耗单片机型号，这样可以减少能量的消耗，延长设备的使用寿命。
- 在资金等条件允许的情况下，尽量选择功能丰富、扩展能力强的单片机，这样便于以后的功能升级和扩展。
- 对于体积有限制的产品，尽量选择贴片封装的单片机型号，这样可以减少电路板面积，从而降低硬件成本，同时也有助于电磁兼容设计。

5. 硬件设计

硬件设计中应考虑以下事项：

- 根据设计需要选择合适的单片机型号；
- 存储器电路设计；
- 设计系统中的接口电路；
- 系统的扩展及各功能模块的设计应适当留有余地；
- 充分考虑应用系统各部分的驱动能力；
- 应用系统中要实现工程的可靠性能要求。

6. 软件设计

软件编制时应注意以下几个方面：

- 根据软件功能要求，将系统软件分成若干个相对独立的部分；
- 建立正确的数学模型；
- 编写应用软件之前，应绘制出程序流程图；
- 合理分配系统资源；
- 加强软件抗干扰设计。

7. 仿真调试

单片机程序在实际使用前，一般均需要进行代码仿真。单片机仿真调试和程序设计是紧密相关的。在实际设计过程中，通过仿真调试，可以及时发现问题，确保模块及程序的正确性。当发现问题时，需要重新修改设计，直到程序通过仿真调试。单片机程序的仿真调试需要考虑以下几点：

- 对于模块化的程序，可以通过仿真调试的方法单独调试每一个模块的功能是否正确；
- 对于通信接口，如串口等，可以在仿真程序中调试通信的流程；
- 通过仿真调试可以预先了解软件的整体运行情况是否满足要求；
- 要选择一个好的程序编译仿真环境，如 Keil 公司的 μVision 系列、英国 Labcenter Electronics 公司的 Proteus 软件等；

　　• 选择一款和单片机型号匹配的硬件仿真器，硬件仿真一般支持在线仿真调试，可以实时观察程序中的各个变量，最大程度上对程序进行调试。

　　完成这一在线仿真工作的开发工具就是单片机在线仿真器。一个典型的单片机系统开发环境组成如图 1-8 所示。

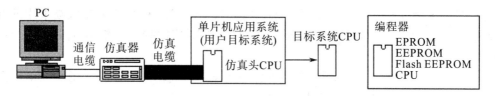

图 1-8　单片机系统开发环境组成

1.5　Keil μVision4 仿真软件介绍

　　Keil C51 是美国 Keil Software 公司出品的 51 系列兼容单片机 C 语言软件开发系统，与汇编语言相比，C 语言在功能、结构性、可读性、可维护性上有明显的优势，因而易学易用。用过汇编语言后再使用 C 语言，体会将更加深刻。51 单片机开发工具支持汇编、C 语言以及混合编程，同时具备功能强大的软件仿真和硬件仿真。

1. Keil μVision4 仿真软件工作界面

　　Keil μVision4 的安装方法与一般软件的安装方法相同。安装完成后将在 Windows 桌面生成一个 Keil μVision4 图标。单击【开始】→【程序】→【Keil μVision4】即可运行 μVision4；也可双击 Keil μVision4 图标运行该软件。Keil μVision4 的工作界面如图 1-9 所示。

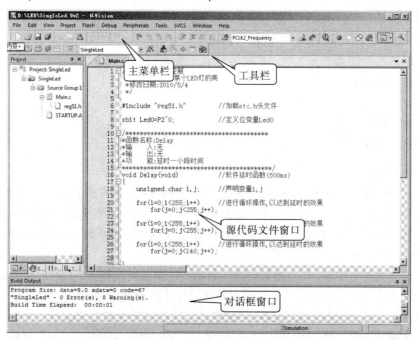

图 1-9　Keil μVision4 的工作界面

μVision4 软件有主菜单栏、工具栏、源代码文件窗口和对话框窗口。μVision4 信息显示窗口允许同时打开几个源程序文件。主菜单栏提供各种操作菜单，如编辑操作、项目维护、开发工具选项设置、调试程序、窗口选择和处理、在线帮助等。

2. Keil μVision4 仿真软件调试界面

μVision4 中集成了一种新型调试器(Debug)，它可以进行纯软件模拟仿真和硬件目标板在线仿真，使用之前应进行适当配置。单击【Project】→【Options for Target】，弹出如图 1－10 所示窗口。点击【Debug】标签页，在该页中选中圆形单选框【Use Simulator】，即采用软件模拟方式进行仿真。可以在没有任何实际 8051 单片机硬件的条件下，仅用一台普通的 PC 实现对 8051 应用程序的仿真调试。在创建用户项目的时候通过内部器件库选定一种 CPU 器件，μVision4 会根据所选定的 CPU 器件自动设置能够仿真的单片机片内集成功能。

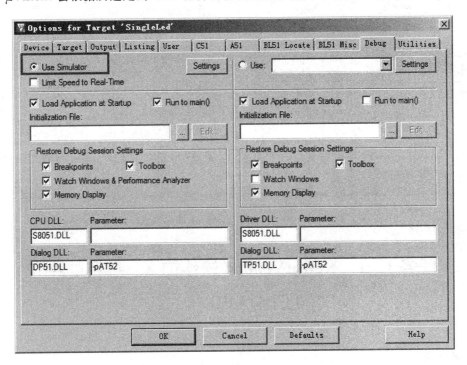

图 1－10 【Debug】配置窗口

【Debug】选项配置完且项目编译通过后，单击【Debug】→【Start/Stop Debug Session】选项，即可启动 Debug 开始调试。启动 Debug 后，μVision4 项目窗口分配如图 1－11 所示。项目窗口(寄存器窗口)自动切换到【Debug】标签页，用于显示程序调试过程中单片机内部寄存器状态的变化情况。主调试窗口(程序窗口)用于显示用户源程序。窗口左边的小箭头指向当前程序语句，每执行一条语句，小箭头会自动向后移动，以便于观察程序当前执行点。如果用户创建的项目中包含多个程序文件，执行过程中将自动切换到不同文件显示。命令窗口用于键入各种调试命令。存储器窗口用于显示程序调试过程中单片机的存储器状态。观察窗口(变量窗口)用于显示局部变量和观察点的状态。此外在主调试窗口位置还可以显示反汇编窗口、串行窗口以及性能分析窗口，通过单击【View】菜单中的相应选项(或单击工具条中的相应按钮)，可以很方便地实现窗口切换。

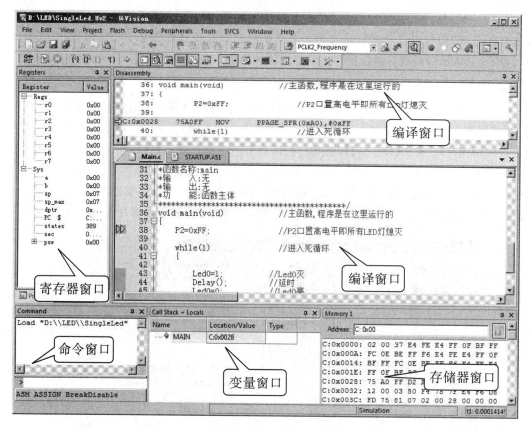

图 1-11　调试状态下 μVision4 项目窗口分配

任务 1-1　Keil μVision4 软件仿真：点亮单片机 P1.0 口的 LED

◇ **任务目的**

熟悉 Keil μVision4 软件操作。

◇ **任务准备**

设备及软件：计算机、Keil μVision4 软件。

◇ **任务实施**

1. 建立一个工程项目

如图 1-12 所示，单击主菜单中的【Project】选项，在弹出的下拉菜单中选择【New μVision Project】选项。此时，弹出如图 1-13 所示的对话框，在文件名中输入一个项目名 "LED"，选择保存路径，单击【保存】按钮。

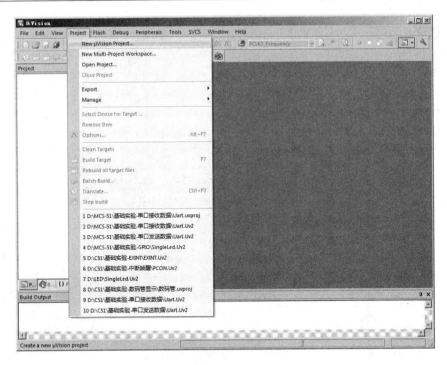

图 1-12 新建一个工程项目

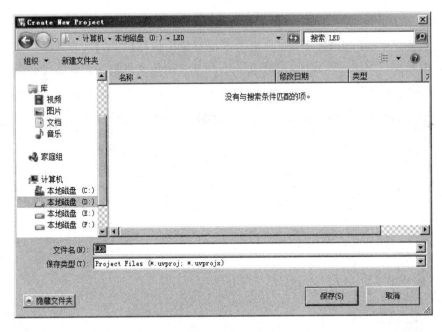

图 1-13 保存工程项目

2. 选择芯片

在弹出的【Select Device for Target'Target 1'】(为目标 Target1 选择设备)对话框中单击 Atmel 前面的[＋]号，展开单片机型号清单，选择单片机芯片型号【AT89C52】，如图 1-14所示。单击【OK】按钮，系统将返回主界面。

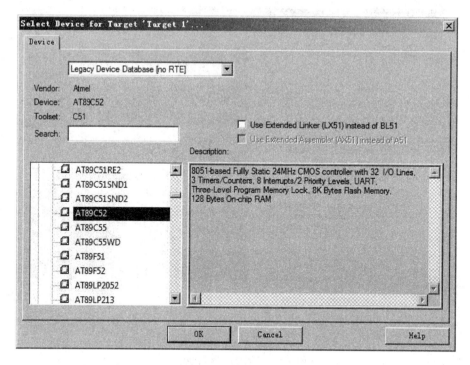

图 1-14 单片机芯片型号的选择

3. 建立源程序文件

单击主菜单中的【File】选项，在弹出的下拉菜单中选择【New】选项，再在弹出的对话框的文件编辑窗口中输入源程序，如图 1-15 所示。给该文件取名，取名时必须要加上扩展名".c"，如"LED.c"。

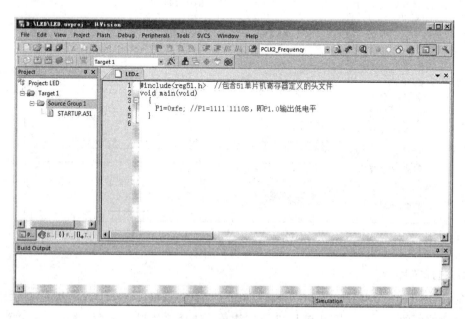

图 1-15 输入源程序

4. 添加源程序文件到当前项目组中

要将源程序文件加入到项目组中，需单击【Project】中【Target 1】前的【＋】号，出现"Source Group1"后再单击，加亮后右击。在弹出的下拉列表中选择【Add Existing Files to Group' Source Group1'】，如图 1－16 所示，再在弹出的对话框中选择刚才以 C 格式编辑的文件 "LED. c"。单击【Add】按钮，这时"LED. c"文件便加入到"Source Group1"这个项目组中了。

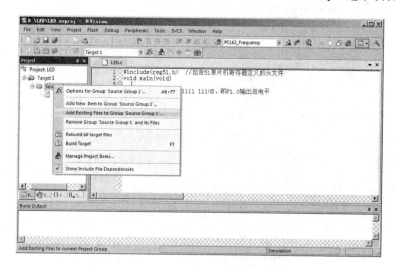

图 1－16　添加源程序文件到项目组中

5. 属性设置

单击主菜单中的【Project】选项，在弹出的下拉菜单中选择【Options for Target 'Target 1'】选项，弹出如图 1－17 所示的对话框，点击【Target】选项卡，在【Xtal（MHz）】文本框中输入"11.0592"（此处软件默认值为 33 MHz）。

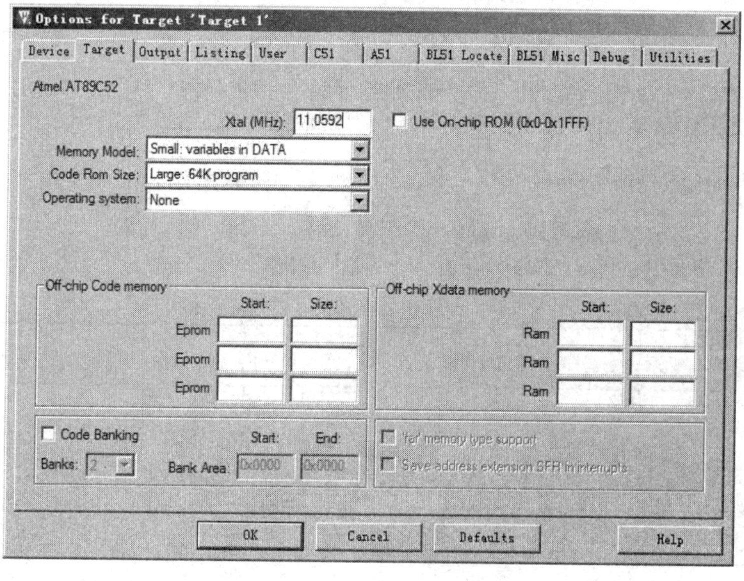

图 1－17　【Options for Target'Target 1'】对话框

　　单击【Output】选项卡，勾选【Create HEX File】复选框，如图 1-18 所示。其他采用默认设置，然后单击【OK】按钮。

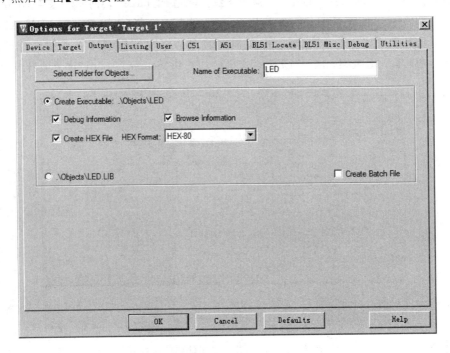

图 1-18　【Output】选项卡

　　单击【Debug】选项卡，选中【Use Simulator】单选项，如图 1-19 所示，再单击【OK】按钮。

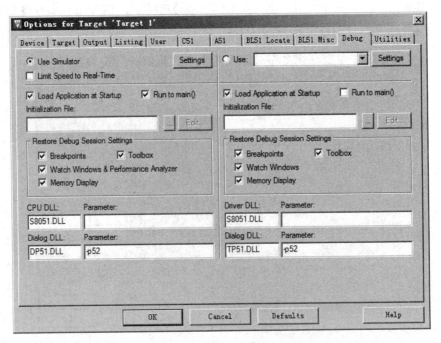

图 1-19　【Debug】选项卡

6. 编译文件

点击【Project】→【Rebuild all target files】，对写好的程序进行编译，如图 1 - 20 所示。

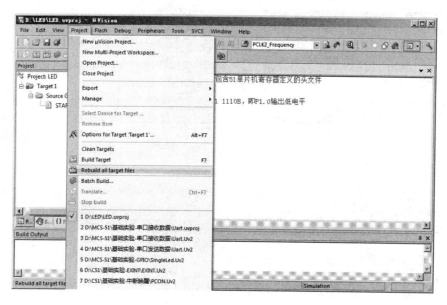

图 1 - 20 工程编译

7. 调试模式

点击【Debug】→【Start/Stop Debug Session】，进入调试模式，如图 1 - 21 所示。

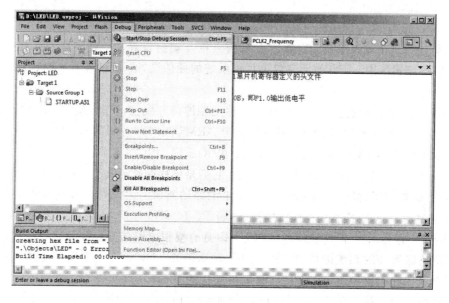

图 1 - 21 调试模式

8. 观察仿真结果

【Peripherals】菜单第二栏中的【I/O - Ports】选项用于仿真 8051 单片机的并行 I/O 接口 Port 0～Port 3。选中【Port1】后将弹出如图 1 - 22 所示窗口，其中"P1"栏显示 8051 单片

机 P1 口锁存器状态，"Pins"栏显示 P1 口 8 个引脚的状态，仿真时它们各位的状态可根据
需要进行修改。

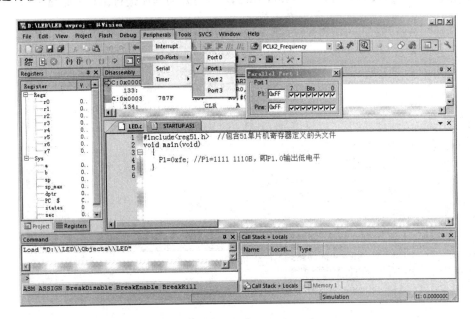

图 1－22　仿真结果

1.6　Proteus 电路仿真软件介绍

Proteus 是英国 Labcenter Electronics 公司研发的多功能 EDA 软件，它具有功能很强
的 ISIS 智能原理图输入系统，有非常友好的人机互动窗口界面，有丰富的操作菜单与工
具。在 ISIS 编辑区中，能方便地完成单片机系统的硬件设计、软件设计、单片机源代码级
调试与仿真。

Proteus 有 30 多个元器件库，拥有数千种元器件仿真模型，有形象生动的动态器件库、
外设库，特别是有从 8051 系列 8 位单片机直至 ARM7 32 位单片机的多种单片机类型库。支
持的单片机类型有：68000 系列、8051 系列、AVR 系列、PIC12 系列、PIC16 系列、PIC18 系
列、Z80 系列、HC11 系列以及各种外围芯片。它们是单片机系统设计与仿真的基础。

Proteus 提供了比较丰富的测试信号用于电路的测试。这些测试信号包括模拟信号和
数字信号。Proteus 有多达 10 余种的信号激励源、10 余种虚拟仪器（如示波器、逻辑分析
仪、信号发生器等）；可提供软件调试功能，即具有模拟电路仿真、数字电路仿真、单片机
及其外围电路组成的系统的仿真、RS－232 动态仿真、I²C 调试器、SPI 调试器、键盘和
LCD 系统仿真的功能，还有用来精确测量与分析的 Proteus 高级图表仿真（ASF），它们构
成了单片机系统设计与仿真的完整的虚拟实验室。Proteus 同时支持第三方的软件编译和
调试环境，如 Keil C51 μVision4 等软件。

Proteus 还有使用极方便的印刷电路板高级布线编辑软件（PCB）。特别指出，Proteus
库中数千种仿真模型是依据生产企业提供的数据来建模的，因此，Proteus 设计与仿真极
其接近实际。目前，Proteus 已成为流行的单片机系统设计与仿真平台，应用于各种领域。

Proteus 是单片机应用产品研发的灵活、高效、正确的设计与仿真平台,它明显提高了研发效率,缩短了研发周期,节约了研发成本。

1. 单片机应用产品的传统开发

单片机应用产品的传统开发过程一般分为以下三步:

- 单片机系统原理图设计,选择、购买元器件和接插件,安装和电气检测等硬件设计;
- 进行单片机系统程序设计,调试、汇编编译等软件设计;
- 单片机系统在线调试、检测,实时运行直至完成单片机系统综合调试。

2. 单片机应用产品的 Proteus 开发

- 在 Proteus 平台上进行单片机系统电路设计,选择元器件,接插件,连接电路和电气检测等(简称 Proteus 电路设计);
- 在 Proteus 平台上进行单片机系统源程序设计、编辑、汇编编译、调试,最后生成目标代码文件(∗.hex)(简称 Proteus 软件设计);
- 在 Proteus 平台上将目标代码文件加载到单片机系统中,并实现单片机系统的实时交互、协同仿真(简称 Proteus 仿真);
- 仿真正确后,制作、安装实际单片机系统电路,并将目标代码文件(∗.hex)下载到实际单片机中运行、调试,若出现问题,可和 Proteus 设计与仿真相互配合调试,直至运行成功(简称实际产品安装、运行与调试)。

3. 工作界面介绍

Proteus ISIS 的工作界面是一种标准的 Windows 界面,如图 1-23 所示,包括主菜单、标准工具栏、绘图工具栏、状态栏、对象选择按钮、预览对象方位控制按钮、仿真控制按钮、图形编辑窗口、预览窗口、对象选择器窗口等。

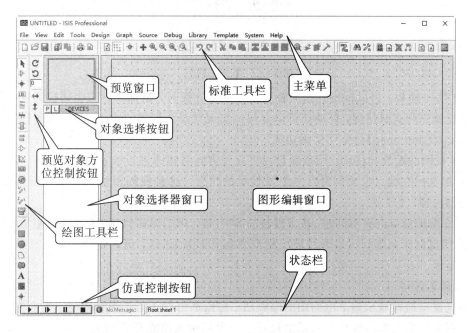

图 1-23 Proteus ISIS 的工作界面

下面只有针对性地介绍几个区域和图形编辑的基本操作。

1）图形编辑窗口

在图形编辑窗口内完成电路原理图的编辑和绘制。

（1）坐标系统。ISIS 中坐标系统的基本单位是 10 nm。但坐标系统的识别单位被限制在 1 th。坐标原点默认在图形编辑区的中间，图形的坐标值能够显示在屏幕的右下角的状态栏中。

（2）点状栅格与捕捉到栅格。编辑窗口内有点状的栅格，可以通过【View】菜单的【Grid】命令在打开和关闭间切换。点与点之间的间距由当前捕捉的设置决定。捕捉的尺度可以由【View】菜单的【Snap】命令设置。如图 1-24 所示，选中【View】菜单的【Snap 100th】命令。此时鼠标在图形编辑窗口内移动时，坐标值以固定的步长 100 th 变化，这称为捕捉。

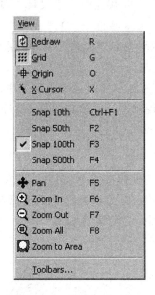

图 1-24 【View】菜单

（3）实时捕捉。当鼠标指针指向管脚末端或者导线时，鼠标指针将会捕捉到这些物体，这种功能被称为实时捕捉，该功能可以方便地实现导线和管脚的连接。可以通过【Tools】菜单的【Real Time Snap】命令切换该功能。

（4）视图的缩放与移动。可以通过以下几种方式对视图进行缩放和移动：

• 用鼠标左键点击预览窗口中想要显示的位置，这将使编辑窗口显示以鼠标点击处为中心的内容。

• 在编辑窗口内移动鼠标，按下键盘的 Shift 键，用鼠标移动到边框，这会使显示平移。

• 用鼠标指向编辑窗口并按缩放键或者操作鼠标的滚动键，会以鼠标指针位置为中心重新显示。

2）预览窗口

预览窗口通常显示整个电路图的缩略图。在预览窗口上点击鼠标左键，将会有一个蓝色矩形框标示出在编辑窗口中显示的区域。当鼠标焦点落在原理图编辑窗口时（即放置元件到原理图编辑窗口后或在原理图编辑窗口中点击鼠标后），它会显示整张原理图的缩略图，并会显示一个绿色的方框，绿色的方框里面的内容就是当前原理图窗口中显示的内容，因此，可用鼠标在它上面点击来改变绿色方框的位置，从而改变原理图的可视范围。

3）对象选择器窗口

通过对象选择按钮，从元件库中选择对象，并置入对象选择器窗口，供今后绘图时使用。显示对象的类型包括：设备、终端、管脚、图形符号、标注和图形。

4）图形编辑的基本操作

（1）对象放置。放置对象的步骤如下：

① 根据对象的类别在工具箱选择相应模式的图标。

② 根据对象的具体类型选择子模式图标。

• 如果对象类型是元件、端点、管脚、图形、符号或标记，则从选择器里选择想要的对象的名字。对于元件、端点、管脚和符号，可能首先需要从库中调出。

• 如果对象是有方向的，将会在预览窗口显示出来，可以通过预览对象方位按钮对对象进行调整。

③ 指向编辑窗口并点击鼠标左键放置对象。

（2）选中对象。用鼠标指向对象并点击右键可以选中该对象。该操作选中对象并使其高亮显示，然后可以进行编辑。

• 选中对象时该对象上的所有连线同时被选中。

• 要选中一组对象，可以通过依次在每个对象上右击选中每个对象的方式，也可以通过右键拖出一个选择框的方式，但只有完全位于选择框内的对象才可以被选中。

• 在空白处点击鼠标右键可以取消所有对象的选择。

（3）删除对象。用鼠标指向选中的对象并点击鼠标右键可以删除该对象，同时删除该对象的所有连线。

（4）拖动对象。用鼠标指向选中的对象并用鼠标左键拖曳可以拖动该对象。

（5）调整对象的朝向。许多类型的对象可以将朝向调整为 0°、90°、270°、360°，或通过 X 轴 Y 轴镜像。当该类型对象被选中后，图标会变为红色，之后就可以改变对象的朝向了。

（6）编辑对象。许多对象具有图形或文本属性，这些属性可以通过一个对话框进行编辑。双击原理图编辑区中的对象元件，弹出【Edit Component】对话框，可在对话框中进行元件属性设置。

（7）画线。Proteus ISIS 没有画线的图标按钮，因为 ISIS 的智能化足以在画线时自动检测。在两个对象间连线，先用鼠标左键单击第一个对象连接点，再移动鼠标到下一个对象连接点单击确认即可（如果想自己决定走线路径，只需在拐点处点击鼠标左键即可）。在画线过程的任何一个阶段，都可以按 Ese 键放弃画线。

任务 1 - 2 Proteus 软件仿真：点亮单片机 P1.0 口的 LED

✧ **任务目的**

熟悉 Proteus 软件的操作。

◇ **任务准备**

设备及软件：计算机、Proteus 软件。

◇ **任务实施**

1. 建立一个仿真工程项目

如图 1-12 所示，单击主菜单中【Project】选项，在弹出的下拉菜单中选择【New Project】选项。此时，弹出如图 1-13 所示的对话框，在文件名中输入一个项目名"LED"，选择保存路径，单击【保存】按钮。

2. 添加元器件

单击图 1-23 中界面左侧预览窗口下面的【P】按钮，弹出【Pick Devices】（元件拾取）对话框，如图 1-25 所示。在关键字【Keywords】处输入"89C51"，选择第一项"AT 89C51"器件，点击【OK】确定。依照上述方法，依次在关键字处输入"led"和"res"，选择"LED-YELLOW"和"RES"，分别添加黄色 LED 发光二极管和电阻。

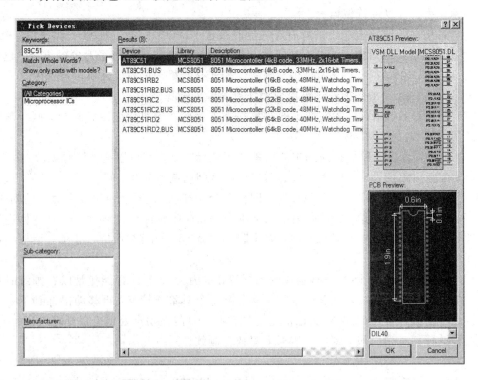

图 1-25 元件库页面

3. 绘制原理图

返回主窗口，把元件从对象选择器中放置到图形编辑区中。单击对象选择器中的某一元件名，把鼠标指针移动到图形编辑区，双击鼠标左键，元件即被放置到编辑区中。

分别放置 AT89C51 芯片、LED 发光二极管和 RES 电阻，并添加电源端和接地端，添加方法如图 1-26 所示。元器件放置完毕，按图 1-27 所示元件位置布置好元件。

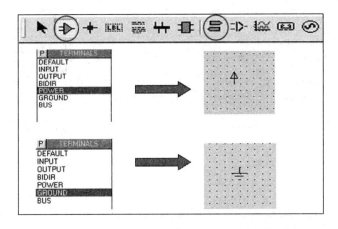

图 1-26 电源端和接地端

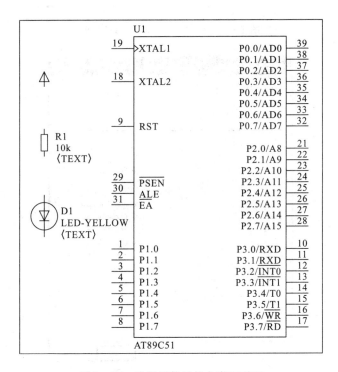

图 1-27 放置器件后的主窗口页面

4. 元件参数的修改

双击原理图编辑区中的电阻 R1，弹出【Edit Component】(元件属性设置)对话框，把 R1 的【Resistance】(阻值)由"10k"改为"220"。同理，双击原理图编辑区中的电源 POWER，弹出 【Edit Component】(元件属性设置)对话框，把 POWER 的【String】(字符)设为"+5 V"。

Edit Component 对话框如图 1-28 所示。

作图时在每个元件的旁边会显示灰色的"〈TEXT〉"，为了使电路图清晰，可以取消此 文字显示。方法为：双击此文字，打开一个对话框，如图 1-29 所示，在该对话框中选择 【Style】标签页，先取消【Visible】项右边的【Follow Global】选项的选中状态，再取消【Visible】 选项的选中状态，之后单击【OK】按钮。

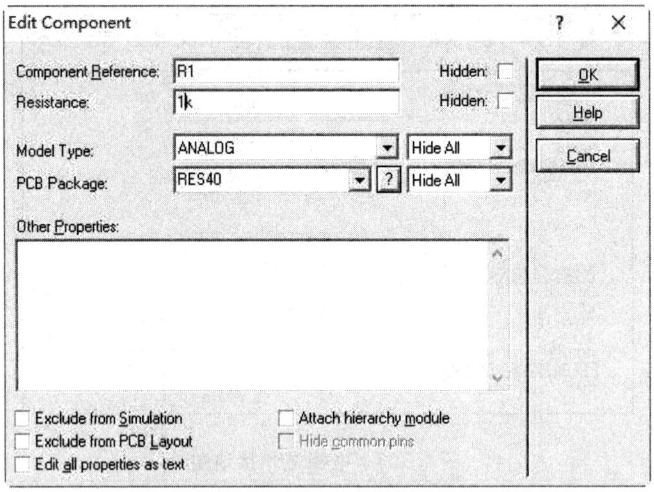

图 1-28　【Edit Component】对话框

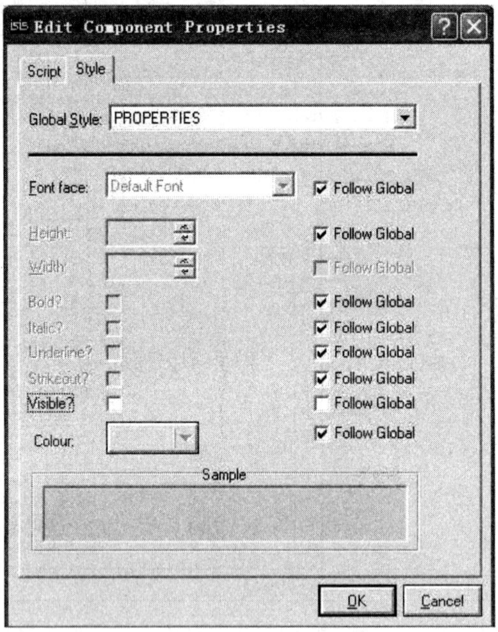

图 1-29　"〈TEXT〉"属性设置对话框

5. 保存原理图

点击【File】→【Save Design As】命令，在用户系统中新建文件夹，保存数据源文件，如 E:\Proteus\LED. dsn。

6. 装载程序

在 Proteus 软件中做好原理图后，下一步就是将在 Keil 软件中编写好的程序装载到 CPU 芯片中，方法为：双击 AT89C51，出现如图 1-30 所示的对话框；打开【Program File】项后的文件浏览对话框，找到本项目中自动生成的"led. HEX"文件，单击【OK】按钮完成文件添加；把【Clock Frequency】文本框中的频率改为"12 MHz"，单击【OK】按钮退出。

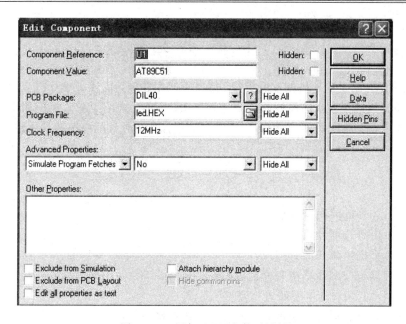

图 1 - 30 添加 HEX 文件对话框

7. 仿真

仿真方法是：单击仿真快捷图标工具条中的 ▶ 运行键，进行仿真。仿真后，LED 应亮，如图 1 - 31 所示。若出现不亮现象，则要进行错误排查，直至正确为止。

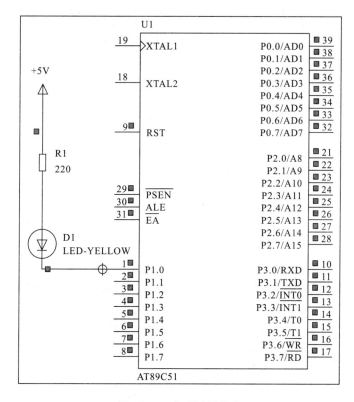

图 1 - 31 仿真运行状态

本 章 小 结

本章系统地介绍了单片机的发展历程、特点及应用领域，描述了单片机应用系统开发流程，给出了单片机应用系统的设计原则及注意事项；同时，介绍了单片机应用系统设计时应用到的两款软件——Keil 软件和 Proteus 软件，分别描述了软件的概况及具体使用方法。

习 题

1. 第一台计算机的问世有何意义？
2. 计算机由哪几部分组成？
3. 微型计算机由哪几部分构成？
4. 微处理器与微型计算机有何区别？
5. 什么叫单片机？其主要特点有哪些？
6. 微型计算机有哪些应用形式？各适用于什么场合？
7. 当前单片机的主要产品有哪些？各有何特点？
8. 简述单片机的开发过程。
9. 常用的单片机应用系统开发方法有哪些？

第 2 章　　80C51 的结构和原理

Intel 公司推出的 MCS-51 系列单片机以其典型的结构、特殊功能寄存器的管理方式、灵活的位操作和面向控制的指令系统,为单片机的发展奠定了良好的基础。8051 是 MCS-51 系列单片机的典型品种,众多单片机芯片生产厂商以 80C51 为基础核开发的 CMOS 工艺单片机产品统称为 80C51 系列。

2.1　80C51 单片机的内部结构与引脚功能

在功能上,80C51 有基本型和增强型两大类,在单片机芯片内的程序存储器的配置上,早期有三种形式,即掩模 ROM、EPROM、ROMLess(无片内程序存储器)。现在人们普遍采用另一种具有 Flash 存储器的芯片。

2.1.1　内部结构

80C51 单片机基本型内部结构示意图如图 2-1 所示。它主要由 CPU、程序存储器、数据存储器、中断系统、定时器/计数器、并行口、串行口、时钟、总线等组成,整体上包含三大模块:CPU 模块、存储器模块和 I/O 模块。

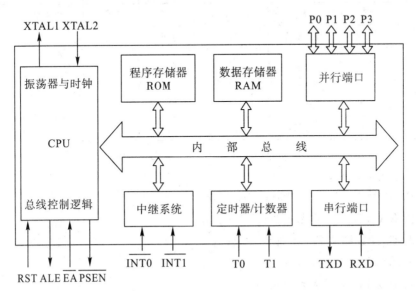

图 2-1　80C51 单片机基本型内部结构示意图

1) CPU 模块

• 8 位 CPU,含布尔处理器;

• 时钟电路;

- 总线控制。

2) *存储器模块*

- 数据存储器 RAM；
- 程序存储器 ROM。

3) I/O 模块

- 并行 I/O 端口（均为 8 位）；
- 全双工异步串行口（UART）；
- 定时器/计数器；
- 中断系统。

2.1.2　典型产品的资源配置

80C51 系列单片机内部组成基本相同，但不同型号的产品在某些方面仍会有一些差异。典型的单片机产品资源配置如表 2-1 所示。

表 2-1　80C51 系列单片机典型产品的资源配置

分类		芯片型号	存储器类型及字节数		片内其他功能单元数			
			ROM	RAM	并口	串口	定时/计数器	中断源
总线型	基本型	80C31	无	128	4 个	1 个	2 个	5 个
		80C51	4K 掩膜	128	4 个	1 个	2 个	5 个
		87C51	4K	128	4 个	1 个	2 个	5 个
		89C51	4K Flash	128	4 个	1 个	2 个	5 个
	增强型	80C32	无	256	4 个	1 个	3 个	6 个
		80C52	8K 掩膜	256	4 个	1 个	3 个	6 个
		87C52	8K	256	4 个	1 个	3 个	6 个
		89S52*	8K Flash	256	4 个	1 个	3 个	6 个
非总线型		89S2051	2K Flash	128	2 个	1 个	2 个	5 个
		89S4051*	4K Flash	256	2 个	1 个	2 个	5 个

注：加 * 号的 Atmel 公司 AT89 系列产品应用更方便，应优先选用。

1) *增强型与基本型的差别*

- 片内 ROM 从 4K 字节增加到 8K 字节；
- 片内 RAM 从 128 字节增加到 256 字节；
- 定时器/计数器从 2 个增加到 3 个；
- 中断源从 5 个增加到 6 个。

2) *片内 ROM 的配置形式的差别*

- 无 ROM 型，应用时要在片外扩展程序存储器；
- 掩膜 ROM 型，用户程序由单片机芯片生产厂写入；
- EPROM 型，用户程序—编程器写入，利用紫外线擦除；
- FlashROM 型，用户程序可以电写入和擦除（当前常用的方式）。

2.1.3　典型产品的封装和引脚功能

80C51 典型产品的封装如图 2-2 所示。

总线型

```
          P1.0 ┤1      40├ VCC
          P1.1 ┤2      39├ P0.0
          P1.2 ┤3      38├ P0.1
          P1.3 ┤4      37├ P0.2
          P1.4 ┤5      36├ P0.3
          P1.5 ┤6      35├ P0.4
          P1.6 ┤7      34├ P0.5
          P1.7 ┤8      33├ P0.6
       RST/VPD ┤9      32├ P0.7
      P3.0/RXD ┤10     31├ EA/VPP
      P3.1/TXD ┤11     30├ ALE/PROG
      P3.2/INT0 ┤12    29├ PSEN
      P3.3/INT1 ┤13    28├ P2.7
       P3.4/T0 ┤14     27├ P2.6
       P3.5/T1 ┤15     26├ P2.5
       P3.6/WR ┤16     25├ P2.4
       P3.7/RD ┤17     24├ P2.3
         XTAL2 ┤18     23├ P2.2
         XTAL1 ┤19     22├ P2.1
          VSS  ┤20     21├ P2.0
```
（80C51 89C51）

非总线型

```
          RST ┤1      20├ VCC
     P3.0/RXD ┤2      19├ P1.7
     P3.1/TXD ┤3      18├ P1.5
        XTAL2 ┤4      17├ P1.5
        XTAL1 ┤5      16├ P1.4
    P3.2/INT0 ┤6      15├ P1.3
    P3.3/INT1 ┤7      14├ P1.2
      P3.4/T0 ┤8      13├ P1.1/AIN1
      P3.5/T1 ┤9      12├ P1.0/AIN0
          CND ┤10     11├ P3.7
```
（89C205）

注：类似的还有Phillps公司的：
87LPC64，20引脚；
8XC748/750/(751)，24引脚；
8X749(752)，28引脚；
8XC754，28引脚；
等等

图 2-2　80C51 典型产品的封装

AT89C51 的引脚排列如图 2-3 所示。

1）电源及时钟引线（4 个）

* VCC：电源接入引脚；

* VSS：电源接入引脚；

* XTAL1、XTAL2：晶体振荡器接入的引脚。

2）控制引脚（4 个）

* RST/VPD：复位信号输入引脚/备用电源引脚；

* ALE/PROG：地址锁存允许信号输出引脚/编程脉冲输入引脚；

* EA/VPP：外部存储器选择引脚/片内 ROM编程电压输入引脚；

* PSEN：外部程序存储器选通信号输出引脚。

3）并行 I/O 引脚（32 个，分成 4 个 8 位端口）

* P0.0～P0.7：一般 I/O 端口引脚或数据/低位地址总线复用引脚；

* P1.0～P1.7：一般 I/O 端口引脚；

* P2.0～P2.7：一般 I/O 端口引脚或高位地址总线引脚；

* P3.0～P3.7：一般 I/O 端口引脚或第二功能引脚（见表 2-2）。

```
          P1.0 ┤1      40├ VCC
          P1.1 ┤2      39├ P0.0/(AD0)
          P1.2 ┤3      38├ P0.1/(AD1)
          P1.3 ┤4      37├ P0.2/(AD2)
          P1.4 ┤5      36├ P0.3/(AD3)
          P1.5 ┤6      35├ P0.4/(AD4)
          P1.6 ┤7      34├ P0.5/(AD5)
          P1.7 ┤8      33├ P0.6/(AD6)
       RST/VPD ┤9      32├ P0.7/(AD7)
     (RXD)P3.0 ┤10     31├ EA/VPP
     (TXD)P3.1 ┤11     30├ ALE/PROG
    (INT0)P3.2 ┤12     29├ PSEN
    (INT1)P3.3 ┤13     28├ P2.7/(A15)
       (T0)P3.4 ┤14    27├ P2.6/(A14)
       (T1)P3.5 ┤15    26├ P2.5/(A13)
       (WR)P3.6 ┤16    25├ P2.4/(A12)
       (RD)P3.7 ┤17    24├ P2.3/(A11)
         XTAL2 ┤18     23├ P2.2/(A10)
         XTAL1 ┤19     22├ P2.1/(A9)
          VSS  ┤20     21├ P2.0/(A8)
```
（AT89C51）

图 2-3　AT89C51 的引脚排列

表 2－2　P3 口各引脚的第二功能

第一功能	第二功能	第二功能信号名称
P3.0	$\overline{\text{RXD}}$	串行数据接收
P3.1	$\overline{\text{TXD}}$	串行数据发送
P3.2	INT0	外部中断 0 申请
P3.3	INT1	外部中断 1 申请
P3.4	T0	定时器/计数器 0 的外部输入
P3.5	T1	定时器/计数器 1 的外部输入
P3.6	$\overline{\text{WR}}$	外部 RAM 或外部 I/O 写选通信号
P3.7	$\overline{\text{RD}}$	外部 RAM 或外部 I/O 读选通信号

2.2　80C51 单片机的 CPU

80C51 单片机由 CPU、存储器和 I/O 接口三个基本模块组成，这里首先介绍 CPU 模块的组成及功能。

2.2.1　CPU 的功能单元

80C51 的 CPU 是一个 8 位的高性能处理器，它的作用是读入并分析每一条指令，根据各个指令的功能控制各个功能部件执行指定操作，具体如图 2－4 所示。

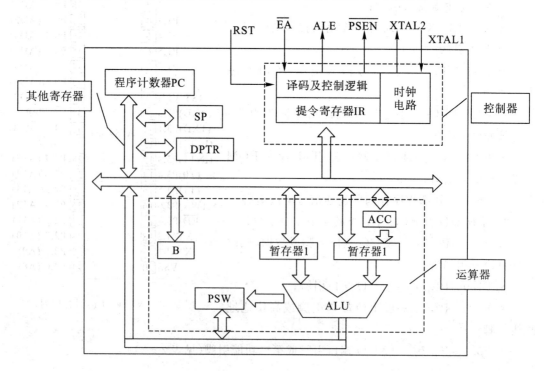

图 2－4　80C51 CPU 的功能

1. 运算器

　　运算器由算术/逻辑运算单元(ALU)、累加器(ACC)、寄存器 B、暂存(寄存)器、程序状态字寄存器(PSW, Program Status Word)组成，它的功能是实现算术和逻辑运算、位变量处理和数据传送等操作。

　　1）ALU

　　ALU 主要功能是实现 8 位数据的加、减、乘、除算术运算和与、或、异或、循环、求补等逻辑运算。同时还具有位处理能力。

　　2）ACC

　　ACC 用于向 ALU 提供操作数和存放运算的结果。运算时一个操作数经暂存器送至ALU，与另一个来自 ACC 的操作数在 ALU 中进行运算，运算结果又送回 ACC。

　　3）寄存器 B

　　寄存器 B 在乘、除运算时用来存放一个操作数，也用来存放运算后的部分结果；在不进行乘、除运算时，可以作为普通寄存器。

　　4）PSW

　　PSW 是状态标志寄存器，用来保存 ALU 运算结果的特征和处理器状态。这些特征和状态可以作为控制程序转移的条件。PSW 位定义如表 2-3 所示。

表 2-3　PSW 位定义

位地址	D7H	D6H	D5H	D4H	D3H	D2H	D1H	D0H
位名称	CY	AC	F0	RS1	RS2	OV	F1	P

　　(1) CY(PSW.7)：进位标志位。存放算术运算的进位标志，在进行加或减运算时，如果操作结果最高位有进位或借位，则 CY 由硬件置"1"，否则被置"0"。

　　(2) AC(PSW.6)：辅助进位标志位。在进行加或减运算中，若低 4 位向高 4 位进位或借位，则 AC 由硬件置"1"，否则被置"0"。

　　(3) F0(PSW.5)：用户标志位。供用户定义的标志位，需要利用软件方法置位或复位。

　　(4) RS1 和 RS0(PSW.4, PSW.3)：工作寄存器组选择位。用于 CPU 选择当前使用的工作寄存器组。00、01、10、11 分别对应 0 组、1 组、2 组、3 组寄存器，共计 4 组。

　　(5) OV(PSW.2)：溢出标志位。在带符号数加减运算中，OV=1 表示加减运算超出了累加器 A 所能表示的带符号数的有效范围($-128\sim+127$)，即产生了溢出，因此运算结果是错误的；OV=0 表示运算正确，即无溢出产生。

　　(6) F1(PSW.1)：保留未使用。

　　(7) P(PSW.0)：奇偶标志位。P 标志位表明累加器 ACC 中内容的奇偶性，如果 ACC中有奇数个"1"，则 P 置"1"，否则置"0"。

　　5）暂存器

　　暂存器用来暂时存放数据总线或其他寄存器送来的操作数。它作为 ALU 的数据输入源，向 ALU 提供操作数，是不可以用指令进行寻址的。

2. 控制器

　　控制器由程序计数器(PC)、指令寄存器(IR)、指令译码及控制逻辑电路组成。

1）PC

PC 是一个 16 位的计数器，它总是存放着下一个要取指令的存储单元地址。CPU 把 PC 的内容作为地址，从对应于该地址的程序存储器单元中取出指令码。每取完一个指令后，PC 内容自动加 1，为取下一条指令做准备。在执行转移指令、子程序调用指令及中断响应时，转移指令、调用指令或中断响应指令过程会自动给 PC 置入新的地址。

注意：单片机上电或复位时，PC 装入地址 0000H，保证单片机上电或复位后，程序从 0000H 地址开始执行。

2）IR

IR 保存当前正在执行的一条指令。执行一条指令，先要把它从程序存储器取到指令寄存器中。指令内容含操作码和地址码，操作码送往指令译码器并形成相应指令的微操作信号。地址码送往操作数地址形成电路，用以构成实际操作数地址。

3）指令译码及控制逻辑电路

指令译码及控制逻辑电路是微处理器的核心部件，它的任务是完成读指令、执行指令、存取操作数或运算结果等操作，向其他部件发出各种微操作控制信号，协调各部件的工作。（整体工作的协调靠时钟。）

3. 其他寄存器

1）数据指针（DPTR）

DPTR 是一个 16 位的寄存器，它由两个 8 位的寄存器 DPH 和 DPL 组成，用来存放 16 位的地址。利用间接寻址可对片外 RAM、ROM 或 I/O 接口的数据进行访问。

2）堆栈指针（SP）

SP 是一个 8 位的寄存器，用于子程序调用及中断调用时保护断点及现场，它总是指向堆栈顶部。堆栈通常设在 30H～7FH 这一段片内 RAM 中。堆栈操作遵循"后进先出"原则，数据入栈时，SP 先加 1，然后数据再压入 SP 指向的单元；数据出栈时，先将 SP 指向单元的数据弹出，然后 SP 再减 1，这时 SP 指向的单元是新的栈顶。

3）工作寄存器

工作寄存器 R0～R7 共占用 32 个片内 RAM 单元，分成 4 组，每组 8 个单元，当前工作寄存器组由 PSW 的 RS1 和 RS2 位指定。

80C51 寄存器及其在存储器中的映射如图 2-5 所示。

2.2.2　总线控制

1. 简介

总线控制是用来传送控制信息的信号线，连接在一起并完成和实现 CPU、内存和输入输出设备之间的通信与数据传送。

2. 分类

总线控制就是各种信号线的集合，是各部件之间传送数据、地址和控制信息的公共通道。

1）按相对于 CPU 与其芯片的位置来分

（1）片内总线：指在 CPU 内部各寄存器、算术逻辑部件（ALU）、控制部件以及内部高速缓冲存储器之间传输数据所用的总线，即芯片内部总线。

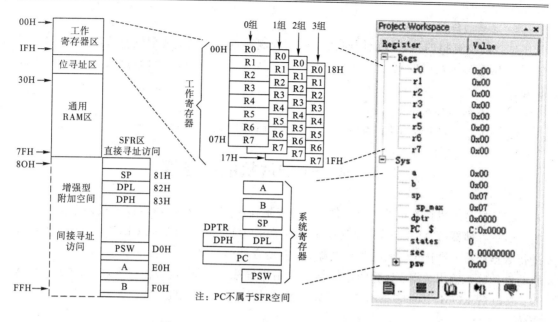

图 2-5　80C51 寄存器及其在存储器中的映射

（2）片外总线：通常所说的总线（BUS）指的是外总线，是 CPU 与内存 RAM、ROM 和输入输出设备接口之间进行通信的数据通道，CPU 通过总线实现程序存取命令、内存/外设的数据交换。在 CPU 与外设一定的情况下，总线速度是限制计算机整体性能的最大因数。

2）按总线功能分

（1）地址总线（AB）：用来传递地址信息。

（2）数据总线（DB）：用来传递数据信息。

（3）控制总线（CB）：用来传送各种控制信号。

3）按总线的层次结构分

（1）CPU 总线：包括 CPU 地址线（CAB）、CPU 数据线（CDB）和 CPU 控制线（CCB），用来连接 CPU 和控制芯片。

（2）存储器总线：包括存储器地址线（MAB）、存储器数据线（MDB）和存储器控制线（MCD），用来连接内存控制器和内存。

（3）系统总线：也称为 I/O 通道总线或 I/O 扩展总线，包括系统地址线（SAB）、系统数据线（SDB）和系统控制线（SCD），用来与 I/O 扩展槽上的各种扩展卡相连接。

（4）外部总线（外围芯片总线）：用来连接各种外设控制芯片，如主板上的 I/O 控制器（如硬盘接口控制器、软盘驱动控制器、串行/并行接口控制器等）和键盘控制器，包括外部地址线（XAB）、外部数据线（XMB）和外部控制线（XCB）。

3. 总线技术指标

1）总线的带宽（总线数据传输速率）

总线的带宽指的是单位时间内总线上传送的数据量，即每秒钟传送多少兆字节的最大稳态数据传输率。与总线密切相关的两个因素是总线的位宽和总线的工作频率，它们之间的关系如下：

$$总线的带宽＝总线的工作频率＊总线的位宽/8$$

2）总线的位宽

总线的位宽指的是总线能同时传送的二进制数据的位数，或数据总线的位数，即 32 位、64 位等总线宽度的概念。总线的位宽越宽，每秒钟数据传输率越大，总线的带宽越宽。

3）总线的工作频率

总线的工作频率以 MHz 为单位，工作频率越高，总线工作速度越快，总线带宽越宽。

2.3　80C51 单片机的存储器

存储器是组成计算机的主要部件，其功能是存储信息。存储器可以分成两个大类，一类是数据存储器（RAM），另一类是程序存储器（ROM）。对于 RAM，CPU 在运行时能随时进行数据的写入和读出，但在关闭电源时，其所存储的信息将丢失。所以，RAM 用来存放暂时性的输入输出数据、运算的中间结果或用作堆栈。ROM 是一种写入和读出信息存储器。断电后 ROM 中的信息不变，所以常用来存放程序或常数，如系统监控程序、常数表等。

如图 2－6 所示，存储器主要有 4 个物理存储空间：片内数据存储器（IDATA 区）、片外数据存储区（XDATA）、片内程序存储器和片外程序存储器（程序存储器合称为 CODE）。

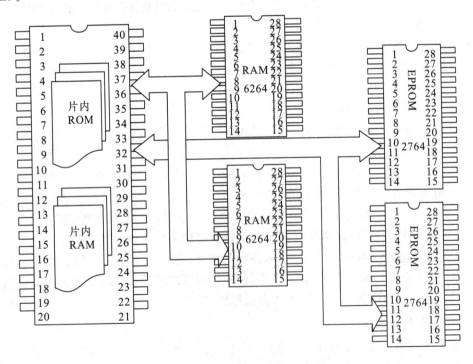

图 2－6　单片机的存储器结构示意图

2.3.1　数据存储器配置

80C51 单片机的数据存储器分为片外 RAM 和片内 RAM 两大部分。

MCS-51 系列单片机的内部 RAM 共有 256 个单元，通常把这 256 个单元按其功能划分为两部分：低 128 单元（单元地址 00H～7FH）和高 128 单元（80H～FFH）。片内、片外数据存储器概况如图 2-7 所示。

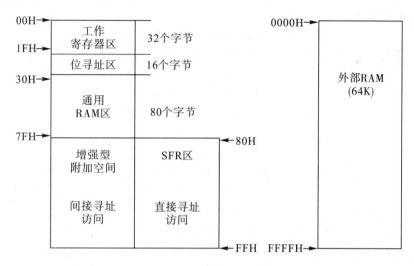

图 2-7　片内、片外数据存储器概况

1）片内数据存储器低 128 单元（DATA 区）

片内 RAM 的低 128 个单元用于存放程序执行过程中的各种变量和临时数据，称为 DATA 区。这片内 RAM 低 128 个单元是单片机的真正 RAM 存储器，按其用途划分为工作寄存器区、位寻址区和用户数据缓冲区 3 个区域。片内 RAM 低 128 单元的配置如表 2-4 所示。

表 2-4　片内 RAM 低 128 单元的配置

序号	区域	地址	功　能
1	工作寄存器	00H～07H	第 0 组工作寄存器（R0～R7）
		08H～0FH	第 1 组工作寄存器（R0～R7）
		10H～17H	第 2 组工作寄存器（R0～R7）
		18H～1FH	第 3 组工作寄存器（R0～R7）
2	位寻址区	20H～2FH	位寻址区、位地址（00H～7FH）
3	用户 RAM 区	30H～3FH	用户数据缓冲区

（1）工作寄存器区：每组包括 8 个（R0～R7）共计 32 个寄存器，用来存放操作数据及中间数据结果等。4 组通用寄存器占据内部 RAM 的 00H～1FH 单元地址。

在任何时刻，CPU 只能使用其中一组寄存器，并且把正在使用的那组寄存器称为当前寄存器。当前工作寄存器到底是哪一组，由程序状态寄存器（PSW）中的 RS1 和 RS2 位的状态组合来决定。

注意：在单片机的 C 语言程序设计中，一般不会直接使用工作寄存器组 R0～R7。但是，在 C 语言与汇编语言的混合编程中，工作寄存器组是汇编子程序和 C 语言函数之间重要的参数传递工具。

（2）位寻址区（BDATA）：内部 RAM 的 20H～2FH 单元，既可以为一般 RAM 单元使用，进行字节操作，也可以对单元中每一位进行操作，因此把该区称为位寻址区（BDATA 区）。位寻址区共有 16 个 RAM 单元，共计 128 位，相应的位地址为 00H～7FH。片内 RAM 位寻址区的位地址如表 2-5 所示。

表 2-5　片内 RAM 位寻址区的位地址

单元地址	MSB ◄────────────────── 位地址 ──────────────────► LSB						
2FH	7F	7E	7D	7C	7B	7A	79	78
2EH	77	76	75	74	73	72	71	70
2DH	6F	6E	6D	6C	6B	6A	69	68
2CH	67	66	65	64	63	62	61	60
2BH	5F	5E	5D	5C	5B	5A	59	58
2AH	57	56	55	54	53	52	51	50
29H	4F	4E	4D	4C	4B	4A	49	48
28H	47	46	45	44	43	42	41	40
27H	3F	3E	3D	3C	3B	3A	39	38
26H	37	36	35	34	33	32	31	30
25H	2F	2E	2D	2C	2B	2A	29	28
24H	27	26	25	24	23	22	21	20
23H	1F	1E	1D	1C	1B	1A	19	18
22H	17	16	15	14	13	12	11	10
21H	0F	0E	0D	0C	0B	0A	09	08
20H	07	06	05	04	03	02	01	00

注：MSB 表示高位，LSB 表示低位。

（3）用户数据缓冲区（通用 RAM 区）：在内部 RAM 低 128 单元中，除了工作寄存器区（占 32 个单元）和位寻址区（占 16 个单元）外，还剩下 80 个单元，单元地址为 30H～7FH，是供用户使用的一般 RAM 区。对用户数据缓冲区的使用没有任何规定或限制，但是一般应用中常把堆栈开辟在此区域中。

在实际应用中，堆栈一般设在 30H～70H 的范围内，栈顶的位置由堆栈指针 SP 指示。复位时 SP 的初值为 07H，在系统初始化时，通常要进行重新设置，目的是留出低端的工作寄存器和位寻址空间以完成更重要的任务。

用户数据缓冲区示意图如图 2-8 所示。

2）片内数据存储器高 128 单元（DATA 区）

内部 RAM 的高 128 单元是基本型单片机 21 个 SFR（也称为特殊功能寄存器），它离散地分布在 80H～FFH 空间。虽然，它们不连续地分布在片内 RAM 的高 128 单元中，其中还有许多空闲地址，但是用户不能使用。另外还有一个不可寻址的特殊功能寄存器，即程序计数器（PC），它不占用 RAM 单元，在物理上是独立的。表 2-6 所示为 21 个 SFR 的位地址及字节地址表。

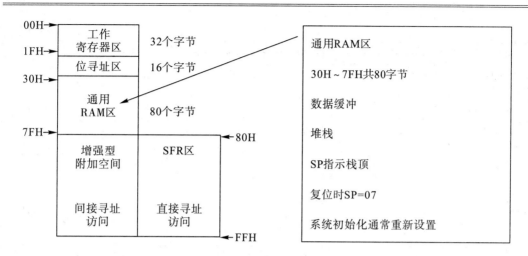

图 2-8　用户数据缓冲区示意图

表 2-6　SFR 的位地址及字节地址表

SFR	MSB ◀----------------------- 位地址/位定义 -----------------------▶ LSB								字节地址
B	F7	F6	F5	F4	F3	F2	F1	F0	F0H
ACC	E7	E6	E5	E4	E3	E2	E1	E0	E0H
PSW	D7	D6	D5	D4	D3	D2	D1	D0	D0H
	CY	AC	F0	RS1	RS0	OV	F1	P	
IP	BF	BE	BD	BC	BB	BA	B9	B8	B8H
	/	/	/	PS	TP1	PX1	PT0	PX0	
P3	B7	B6	B5	B4	B3	B2	B1	B0	B0H
	P3.7	P3.6	P3.5	P3.4	P3.3	P3.2	P3.1	P3.0	
1E	AF	AE	AD	AC	AB	AA	A9	A8	A8H
	EA	/	/	ES	ET1	EX1	ET0	EX0	
P2	A7	A6	A5	A4	A3	A2	A1	A0	A0H
	P2.7	P2.6	P2.5	P2.4	P2.3	P2.2	P2.1	P2.0	
SBUF									99H
SCON	9F	9E	9D	9C	9B	9A	99	98	98H
	SM0	SM1	SM2	REN	TB8	RB8	T1	R1	
P1	97	96	95	94	93	92	91	90	90H
	P1.7	P1.6	P1.5	P1.4	P1.3	P1.2	P1.1	P1.0	
TH1									8DH
TH0									8CH
TL1									8BH
TL0									8AH

SFR	MSB ◄------------------------ 位地址/位定义 ◄------------------------ LSB							字节地址
TMOD	GATE	C/$\overline{\text{T}}$	M1	M0	GATE	C/$\overline{\text{T}}$	M1	M0	89H
TCON	8F	8E	8D	8C	8B	8A	89	88	88H
	TF1	TR1	TF0	TR0	IE1	IT1	IT0	IE0	
PCON	SMOD	/	/	/	GF1	GF0	PD	IDL	87H
DPH									83H
DPL									82H
SP									81H
P0	87	86	85	84	83	82	81	80	80H
	P0.7	P0.6	P0.5	P0.4	P0.3	P0.2	P0.1	P0.0	

2.3.2 程序存储器配置

80C51 单片机的程序计数器(PC)是 16 位的计数器，所以能寻址 64KB 的程序寄存器地址范围，允许用户程序调试或转向 64KB 的任何存储单元。

1. 片内与片外程序存储器的选择

EA 引脚有效时(低电平)选择运行片外 ROM 中的程序。

1) EA 引脚接高电平时从片内程序存储器开始取指令

当 EA 引脚接高电平时，对于基本型单片机，首先在片内程序存储器中取指令，当 PC 的内容超过 0FFFH 时系统会自动转到片外程序存储器中取指令，外部程序存储器的地址从 1000H 开始编址，如图 2-9 所示。

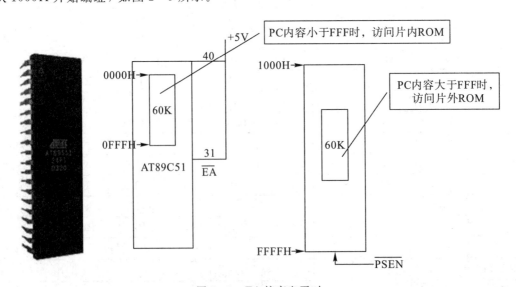

图 2-9 EA 接高电平时

2) EA 引脚接低电平时从片外程序存储器开始取指令

当 EA 引脚接低电平时，单片机自动转到片外程序存储器中取指令(无轮片内外是否有程序存储器），外部程序存储器的地址从 0000H 开始编址，如图 2-10 所示。

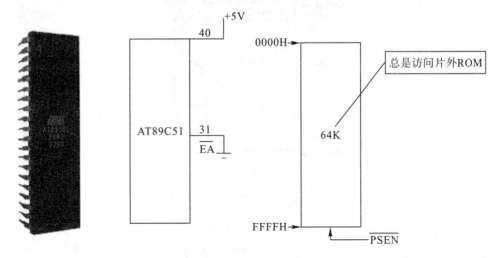

图 2-10　EA 接低电平时

2. 程序存储器低端的几个特殊单元

程序寄存器低端的一些地址被固定地用做特定的入口地址，如表 2-7 所示。

表 2-7　程序存储器低端的几个特殊单元入口地址

入口地址—终止地址	说　明
0000H（PC）	单片机复位的入口地址
0003H～000AH	外部中断 0 中断地址区
000BH～0012H	定时器/计数器 0 中断地址区
0013H～001AH	外部中断 1 中断地址区
001BH～0022H	定时器/计数器 1 中断地址区
0023H～002AH	串行中断地址区

地址 0000H 是复位入口，复位后单片机执行该处的指令进入主程序。图 2-11 所示为基本程序储存结构。

主程序执行时，如果开放了 CPU，且某一中断被允许（如图为外部中断 0），当该中断事件发生时，就会暂时停止主程序的执行，转而去执行中断服务程序。编程时，通常在该中断入口地址中放一条转移指令（如 LJMP 2000H），从而使该中断服务发生时，系统能够跳转到该中断在程序存储器区高端的中断服务程序。只有在中断服务程序长度少于 8 个字节时，才可以将中断服务程序直接放在相应的入口地址开始的几个单元中。

注意：在单片机 C 语言程序设计中，用户无需考虑程序的存放地址，编译程序会在编译过程中按照上述规定，自动安排程序的存放地址。例如：C 语言是从 main（）函数开始执行的，编译程序会在程序存储器的 0000H 处自动存放一条转移指令，跳转到 main（）函数存放的地址；中断函数也会按照中断类型号，自动由编译程序安排存放在程序存储器相应的地址中。因此，读者只需要了解程序存储器的结构就可以了。

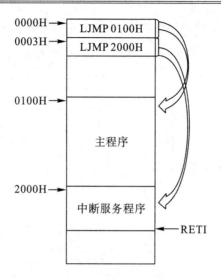

图 2-11   基本程序储存结构

2.4   80C51 单片机的并行口

MCS-51 共有 4 个 8 位的并行 I/O 口，分别记作 P0、P1、P2、P3。每个口都包含一个锁存器、一个输出驱动器和若干个输入缓冲器。这些端口在结构和特性上是基本相同的，但是又各具特点，下面分别介绍。

2.4.1   P0 口的结构、功能及使用

1. 结构

P0 口由一个输出锁存器、一个转换开关 MUX、两个三态输入缓冲器、输出驱动电路和一个与门及一个反相器组成。P0 口的内部逻辑电路如图 2-12 所示。

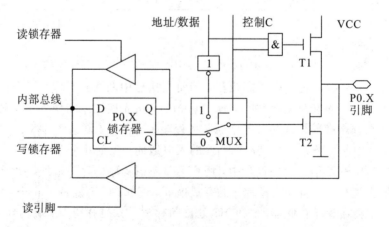

图 2-12   P0 口的内部逻辑电路

图中的控制信号 C 的状态决定 MUX 转换开关的位置。当 C=0 时，MUX 处于图中所示位置（I/O）；当 C=1 时，MUX 拨向反相器输出端位置（地址/数据总线）。

2. 功能

P0 端口作一般 I/O 口时,先定义后使用;作低 8 位地址总线/数据总线复用口时,通常后边接地址锁存器。

1) P0 口用做通用 I/O 口(C=0)

当单片机应用系统不进行片外总线扩展时,P0 口用作通用 I/O 口。在这种情况下,单片机硬件自动使 C=0,MUX 开关接向锁存器的反相输出端。另外,与门输出的"0"使输出驱动器上的上拉场效应管 T1 处于截止状态。因此,输出驱动器工作在需外接上拉电阻的漏极开路方式。

• 作输出口时,CPU 执行口的输出指令,内部数据总线上的数据在"写锁存器"信号的作用下由 D 端进入锁存器,经锁存器的反相端送至场效应管 T2,再经 T2 反相,在 P0.X 引脚出现的数据正好是内部总线的数据。P0 口用做输出口时的内部逻辑电路图 2 - 13 所示。

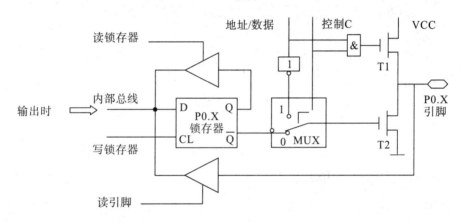

图 2 - 13　P0 用做输出口时的内部逻辑电路

• 作输入口时,数据可以读自接口的锁存器,也可以读自接口的引脚。这要根据输入操作采用的是"读锁存器"指令还是"读引脚"指令来决定。P0 口用做输入口时的内部逻辑电路图 2 - 14 所示。

输入时:
□ 读锁存器("读–修改–写"类指令,如ANL P0, A);
□ 读引脚("MOV"类指令,如MOV A, P0),要先写"1"

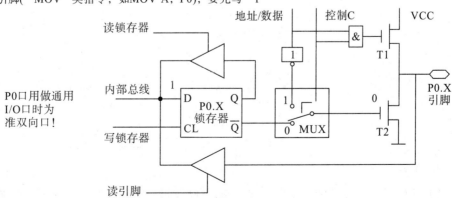

图 2 - 14　P0 口用做输入口时的内部逻辑电路

2）P0 口用做地址/数据总线（C＝1）

当应用系统进行片外总线扩展时（即扩展存储器或接口芯片），P0 口用做地址/数据总线。在这种情况下，单片机内硬件自动使 C＝1。P0 口用做地址/数据总线时的内部逻辑电路图 2 - 15 所示。

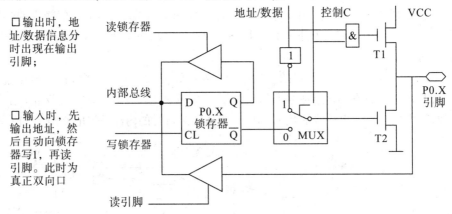

P0用做地址数据总线(当EA=1或"MOVX"类传送时C=1):

□输出时，地址/数据信息分时出现在输出引脚；

□输入时，先输出地址，然后自动向锁存器写1，再读引脚。此时为真正双向口

图 2 - 15　P0 口用做地址/数据总线时的内部逻辑电路

3. 使用

P0 口字节单元地址为 80H，引脚为 32～39 脚，可以位寻址；能驱动 8 个 LSTTL 电路。

2.4.2　P1 口的结构、功能及使用

1. 结构

P1 口通常作为通用 I/O 使用，由一个输出锁存器、两个三态输入缓冲器和输出驱动电路组成，如图 2 - 16 所示。P1 口在电路上与 P0 有一些不同之处，首先它不再需要多路转换开关 MUX，其次是电路的内部有上拉电阻（30 kΩ），与场效应管共同组成输出驱动电路。

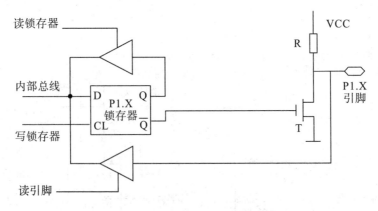

图 2 - 16　P1 口的内部逻辑电路

2. 功能

P1 口是 51 单片机中唯一的一个单功能 I/O 端口。作一般 I/O 口用时，遵循先定义后使用的原则。

3. 使用

P1 口字节单元地址为 90H，引脚为 1～8 脚，可以位寻址；能驱动 4 个 LSTTL 电路。

2.4.3　P2 口的结构、功能及使用

1. 结构

P2 口由一个输出锁存器、一个转换开关 MUX、两个三态输缓冲器、输出驱动电路和一个反相器组成。P2 口的内部逻辑电路如图 2-17 所示。

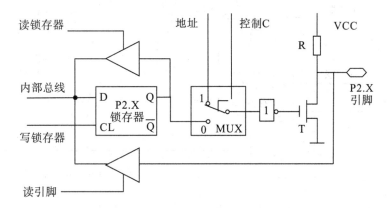

图 2-17　P2 口的内部逻辑电路

图中的控制信号 C 的状态决定了 MUX 转换开关的位置。当 C=0 时，MUX 处于图中所示位置(I/O)；当 C=1 时，MUX 拨向反相器输出端位置(地址/数据总线)。

2. 功能

P2 口作高 8 位地址总线或者是一般 I/O 端口。作为 8 位地址总线，从 P2.0 开始，确定方法遵循 $Q=2^n$ 原则，即 $n=8+?$（? 表示需要 P2 口提供高 8 位地址总线的根数，根据实际需要自己确定）；作为一般 I/O 端口，遵循先定义后使用原则。

P2 口用做通用 I/O 口(C=0)时：

· 作输出口：执行输出指令，内部数据总线的数据在"写锁存器"信号的作用下由 D 端进入锁存器，经反相器反相后送至场效应管 T，再经 T 反相，在 P2.X 引脚出现的数据正好是内部数据总线的数据。应注意：P2 口的输出驱动电路内部有上拉电阻。

· 作输入口：数据可以读自口的锁存器，也可以读自口的引脚。这要根据输入操作采用的是"读锁存器"指令还是"读引脚"指令来决定。

3. 使用

P2 口的字节单元地址为 A0H，引脚为 21～28 脚，可以位寻址；能驱动 4 个 LSTTL 电路。

2.4.4　P3 口的结构、功能及使用

1. 结构

P3 口由一个输出锁存器、三个输入缓冲器(其中两个为三态)、输出驱动电路和一个与

非门组成，如图 2 - 18 所示。P3 口与 P1 口的结构相似，区别仅在于 P3 口的各端口线有两种功能可选择。当处于第一功能时，第二功能输出线为"1"，与非门开通，以维持从锁存器到输出端的数据输出通路的畅通。此时，内部总线信号经锁存器与场效应管输入\输出，其作用与 P1 口的作用相同，也是静态准双向 I/O 端口。当处于第二功能时，锁存器输出为"1"，通过第二输出功能线输出特定的信号，在输入方面，即可以通过缓冲器读入引脚信号，还可以代替输入功能读入片内特定的第二功能信号。由于输出信号锁存并且有双重功能，故 P3 口为静态双功能端口。

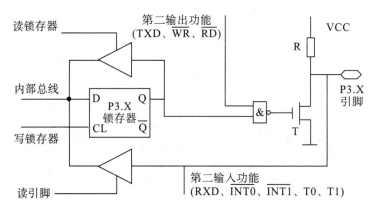

图 2 - 18　P3 口的内部逻辑电路

2. 功能

P3 口作为一般 I/O 端口，遵循先定义后使用的原则。P3 口的第二功能如表 2 - 8 所示。

表 2 - 8　P3 口第二功能

引脚	第二功能	引脚	第二功能
P3.0	RXD(串行数据输入)	P3.4	T0(定时器 0 外部输入)
P3.1	TXD(串行数据输出)	P3.5	T1(定时器 1 外部输入)
P3.2	$\overline{\text{INT0}}$(外部中断 0 输入)	P3.6	$\overline{\text{WR}}$(外部 RAM 写信号)
P3.3	$\overline{\text{INT1}}$(外部中断 1 输入)	P3.7	$\overline{\text{RD}}$(外部 RAM 读信号)

3. 使用

P3 口字节单元地址为 B0H，引脚为 10～17 脚，可以位寻址；能驱动 4 个 LSTTL 电路。通常情况只要 P3 口使用，首先考虑是否是第二功能。

2.5　80C51 单片机的最小系统

单片机的工作就是执行用户程序、指挥各部分硬件完成既定任务。如果一个单片机芯片没有烧录用户程序，显然它就不能工作。可是，一个烧录用户程序的单片机芯片，给它上电后就能工作吗？也不能。原因是除了单片机外，单片机能够工作的最小电路还包括时钟和复位电路，通常称为单片机最小系统。

时钟电路为单片机工作提供基本时钟，复位电路用于将单片机内部各电路的状态复位到初始化值。图 2 - 19 所示为典型的单片机最小系统。

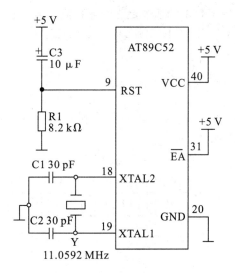

图 2 - 19　典型的单片机最小系统

2.5.1　MCS - 51 单片机的时钟

单片机的工作过程是：取一条指令、译码、进行微操作；再取一条指令、译码、进行微操作，这样自动地、一步一步地由微操作依序完成相应指令规定的操作功能。这些一步一步的工作全靠单片机时钟来控制和协调完成。

1. 时钟产生的方式

MCS - 51 单片机的时钟信号通常由两种方式产生：一是内部时钟方式；二是外部时钟方式，如图 2 - 20 所示。

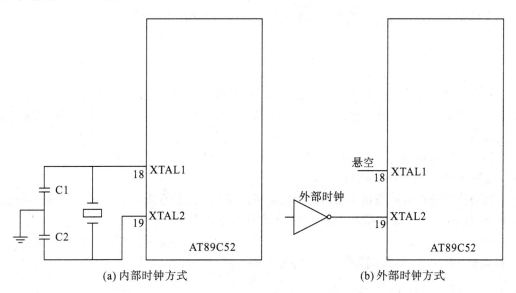

图 2 - 20　时钟方式

内部时钟方式只要在单片机的 XTAL1 和 XTAL2 引脚外接晶振即可。图 2-20(a)中电容器 C1 和 C2 的作用是稳定频率和快速起振，电容值在 5～30 pF 之间，典型值为 30 pF。晶振 CYS 的振荡频率要小于 12 MHz，典型值为 6 MHz、12 MHz 或 11.059 2 MHz。

2. MCS-51 单片机时钟信号

MCS-51 单片机时钟信号如图 2-21 所示。

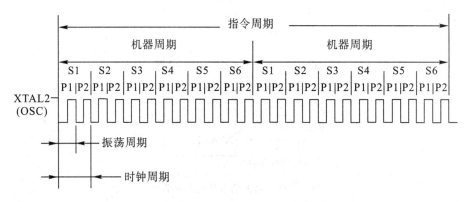

图 2-21　时钟信号示意图

振荡周期(有时也称为时钟周期)为最小的时序单位。振荡信号经分频器后形成两相错开的信号 P1 和 P2。P1 和 P2 的周期也称为 S 状态周期，它是晶振周期的 2 倍，即一个 S 状态周期包含两个振荡周期。

3. 时序概念

单片机内的各种操作都是在一系列脉冲控制下进行的，而各脉冲在时间上是有先后顺序的，这种顺序就称为时序。

单片机的时序定时单位从小到大依次为：节拍、状态周期、机器周期和指令周期。

节拍是指晶体振荡器直接产生的振荡信号的振荡周期，用 P 表示：

$$P=T=\frac{1}{f}$$

如 6 MHz 时 T=1/6 μs，12 MHz 时 T=1/12 μs。

状态周期又称为时钟周期，用 S 表示。每一个状态周期是振荡周期的两倍，即每个状态周期分为 P1 和 P2 两个节拍，P1 节拍完成算术逻辑操作，P2 节拍完成内部寄存器间数据的传递。

机器周期是机器的基本操作周期，一个机器周期含 6 个状态周期，分别用 S1～S6 表示，或用 S1P1、S1P2……S1P6 表示。

指令周期是执行一条指令所占有的全部时间。一条指令通常由 1～4 个机器周期组成。单片机系统中，有单周期指令、双周期指令和四周期指令。

例如，f=12 MHz，1 个机器周期=6 个状态=12 个振荡周期，则振荡周期=1/12 μs，状态周期=1/6 μs，机器周期=1 μs，指令周期=1～4 μs。

2.5.2　MCS-51 单片机的复位

单片机的工作就是从复位开始的。复位可以使单片机中各部件处于确定的初始状态。

1. 复位电路

当 MCS-51 单片机的 RST 引脚加高电平复位信号(保持 2 个以上机器周期)时,单片机内部就执行复位操作。复位信号变低电平时,单片机开始执行程序。实际应用中,复位操作有两种基本形式:一种是上电复位;另一种是上电与按键均有效的复位。

图 2-22(a)所示为上电复位,它利用电容充电来实现复位。在接电瞬间,RST 端的电位与 VCC 相同,随着充电电流的减少,RST 的电位逐步下降。只要保证 RST 为高电平的时间大于两个机器周期,便能正常复位。

图 2-22(b)所示为按键复位电路。该电路除具有上电复位电路功能外,还可以按图中的 RESET 键实现复位,此时电源 VCC 经过两个电阻分压,在 RST 端产生一个复位高电平(两个机器周期)。

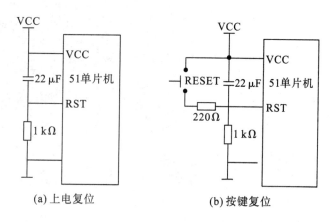

图 2-22　复位电路

2. 单片机复位后状态

单片机复位初始化后,程序计数器 PC=0000H,所以程序从 0000H 地址单元开始执行。单片机启动后,片内 RAM 为随机值,运行中的复位操作不改变片内 RAM 的内容。

复位后,特殊功能寄存器状态是确定的。P0~P3 为 FFH,SP 为 07H,SBUF 不定,IP、IE 和 PCON 的有效位为 0,其余的特殊功能寄存器的状态均为 00H。相应的意义为:

* P0~P3=FFH,相当于各口锁存器已写入 1,此时不但可用于输出,也可以用于输入;
* SP=07H,堆栈指针指向片内 RAM 的 07H 单元(第一个入栈内容将写入 08H 单元);
* IP、IE 和 PCON 的有效位为 0,各中断源处于低优先级且均被关断,串行通信的波特率不加倍;
* PSW=00H,当前工作寄存器为 0 组。

任务 2-1　用 Keil 软件将 51 单片机控制
蜂鸣器程序编译成 hex 文件

◇ 任务目的

通过使用 Keil μVision4 软件,对 51 单片机控制蜂鸣器程序进行输入和编译,达到掌握将 C51 单片机控制程序编译成 hex 文件的方法。

◇ **任务准备**

设备及软件：计算机、Keil μVision4 软件。

◇ **任务实施**

（1）在【Project】菜单下选择【New μVision Project】命令，见图 2-23。

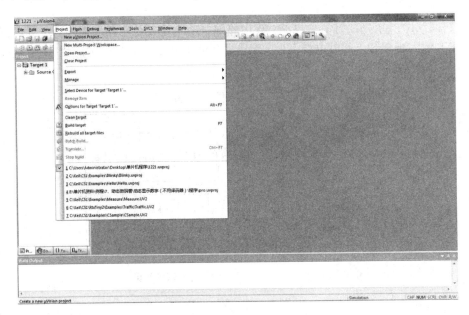

图 2-23 新建工程

（2）输入新建工程文件名"蜂鸣器"，如图 2-24 所示。

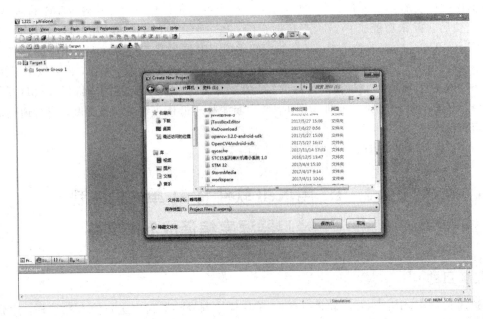

图 2-24 保存工程

（3）选择厂商和单片机型号，见图 2-25。

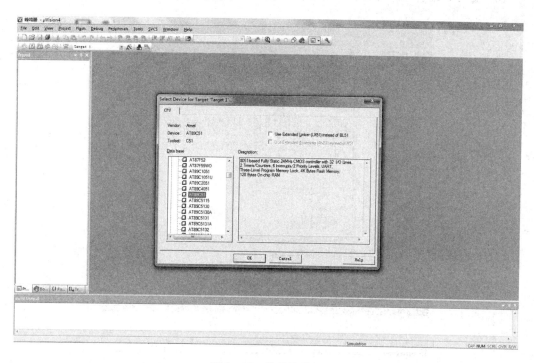

图 2-25　选择单片机

（4）新建 c 文件，见图 2-26。

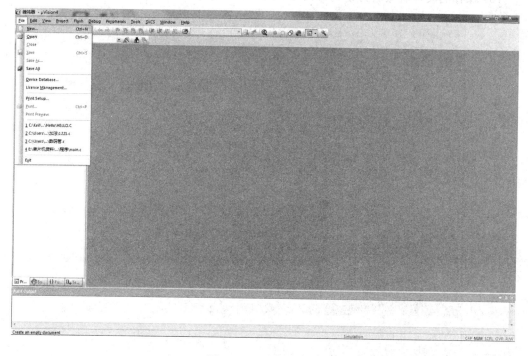

图 2-26　新建 c 文件

（5）输入 C 语言程序并保存，见图 2-27。

图 2-27 编程

（6）保存的文件后缀名为在英文状态下的".c"，见图 2-28。

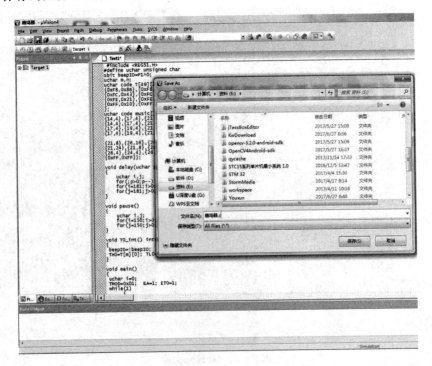

图 2-28 保存 c 文件

（7）将新建的文件添加到工程中，见图 2-29 和图 2-30。

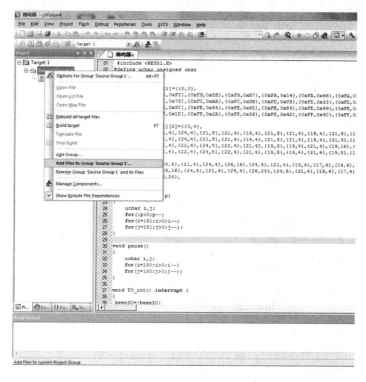

图 2-29　添加 c 文件操作一

图 2-30　添加 c 文件操作二

（8）单击图标，在【Output】下拉菜单中生成的 hex 文件上打对钩，见图 2 - 31 和图 2 - 32。

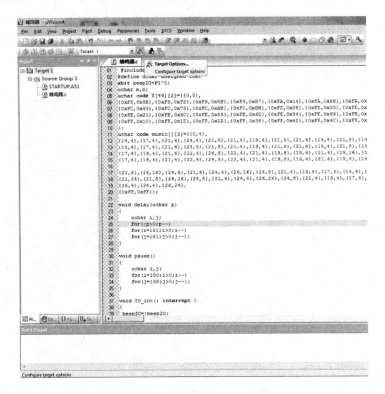

图 2 - 31　勾选 hex 文件操作一

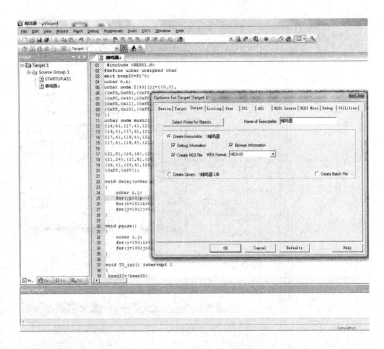

图 2 - 32　勾选 hex 文件操作二

（9）编译，底端显示 0 错误 0 警告，表示程序语法正确，见图 2 - 33。

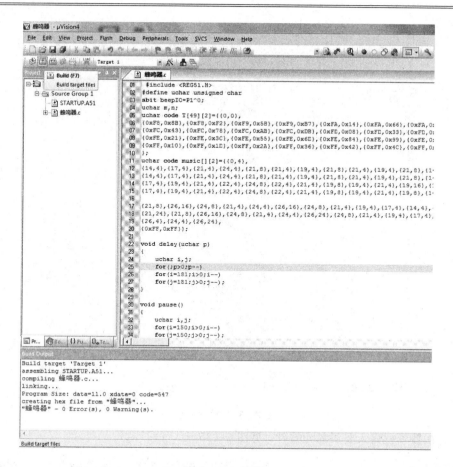

图 2-33　编译

任务 2-2　用 Proteus 软件绘制 51 单片机控制蜂鸣器电路图

◇ **任务目的**

使用 Proteus 软件绘制 51 单片机控制蜂鸣器电路图，掌握 Proteus 软件绘制电路图的方法及注意事项。

◇ **任务准备**

设备及软件：万用表、计算机、Keil μVision4 软件、Proteus 软件。

电路图：51 单片机控制蜂鸣器电路图一张(电路图参见后面的绘制结果)。

◇ **任务实施**

(1) 单击搜索元件的符号，见图 2-34；也可以按快捷键 P 进行搜索。

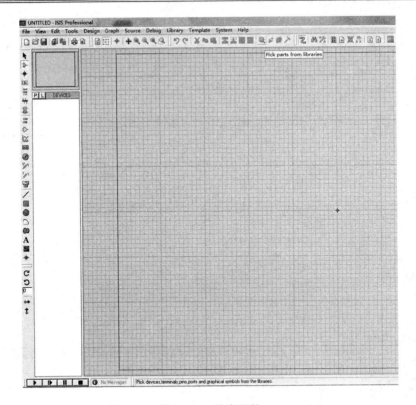

图 2-34　搜索元件

（2）在搜索栏输入要用的元器件，见图 2-35。

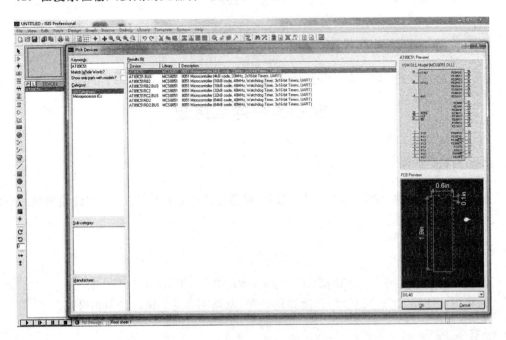

图 2-35　选取元件

（3）双击需要的元器件之后，元器件就会进入器件工具列表窗口，见图 2 - 36。

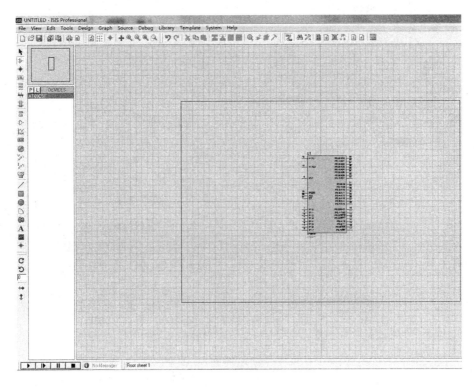

图 2 - 36　添加元器件到器件工具列表

（4）用鼠标左键单击连接元件端口，画好电路图之后，双击单片机就会进入元器件编辑界面，接着选择对应的 hex 文件，见图 2 - 37。

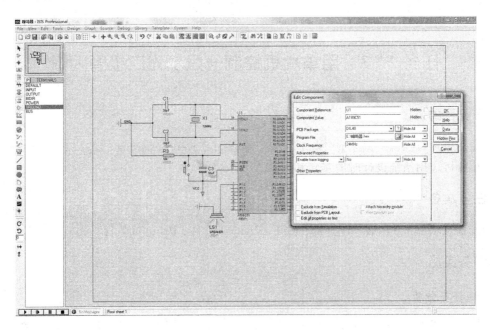

图 2 - 37　连线画图

（5）单击左下角允许符号，没有错误，表示运行成功，见图 2-38。

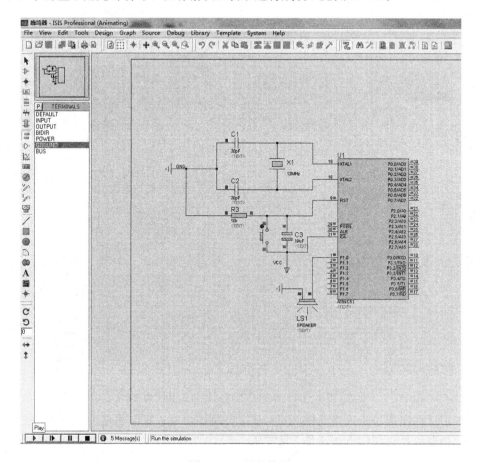

图 2-38　运行结果

任务 2-3　用单片机控制一只发光二极管闪烁

◇ 任务目的

使用单片机控制一只发光二极管闪烁，综合练习 Keil μVision4 软件和 Proteus 软件在进行单片机应用系统设计时的步骤和方法。

◇ 任务准备

设备及软件：万用表、计算机、Keil μVision4 软件、Proteus 软件。

◇ 任务实施

1. 任务分析

任务电路 Proteus 原理图如图 2-39 所示，当 P1.0 输出为 0 时，对应发光二极管 D1 点亮。当 P1.0 输出为 1 时，对应发光二极管 D1 熄灭。

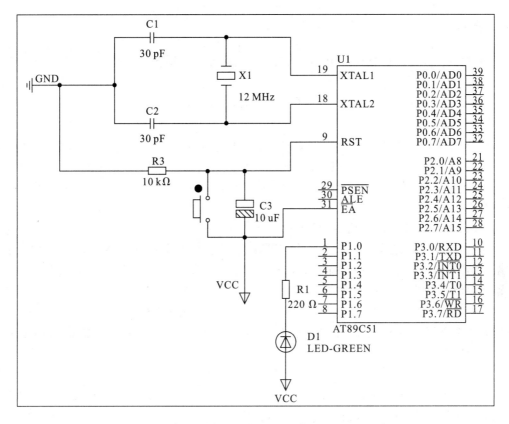

图 2-39　单片机控制一只发光二极管的 Proteus 电路图

2. 软件仿真

（1）打开 Keil 软件，在软件中输入任务程序，并对程序进行编译，直至没有错误，并生成相应的 hex 文件。

（2）打开 Proteus 软件，绘制如图 2-39 所示的电路原理图，导入编译后生成的 hex 文件，运行程序，观察仿真效果。

参考程序如下：

```
#include <reg51.h>              //预处理命令
sbit LED1=P1^0;                 //位定义 P1.0 口为 LED1
void main(void)                 //主函数名
{   unsigned int a;             //定义变量 a 为 unsigned int 类型

    do
    {                           //do while 语句
        for (a=0; a<60000; a++)
        LED1=0;                 //60000 次循环控制延时，P1.0 口为低电平，点亮 D1
        for (a=0; a<60000; a++)
        LED1=1;                 //60000 次循环控制延时，P1.0 口为高电平，熄灭 D1
    }
    while(1);
}
```

◇ **任务结论**

通过 Keil μVision4 软件和 Proteus 软件的具体使用和操作，实现了 LED 的闪烁。

本 章 小 结

MCS-51 是 Intel 的一个单片机系列名称。其他厂家以 8051 为基核开发的 CMOS 工艺单片机产品统称为 80C51 系列。80C51 单片机在功能上分为基本型和增强型，在制造上采用 CMOS 工艺。在片内程序存储器的配置上有掩模 ROM、EPROM 和 Flash、无片内程序存储器等形式。

80C51 单片机由 CPU、存储器、I/O 模块构成。

80C51 单片机的存储器主要有 4 个物理存储空间：片内数据存储器（IDATA 区）、片外数据存储区（XDATA）、片内程序存储器、片外程序存储器（程序存储器合称为 CODE）。片内程序存储器容量为 4 KB，片内数据存储器容量为 256 KB。

片内 RAM 的低 128 个单元用于存放程序执行过程中的各种变量和临时数据，按其用途划分为工作寄存器区（占 32 个单元）、位寻址区（占 16 个单元）、用户数据缓冲区（地址为 30H～7FH）3 个区域。

RAM 的高 128 单元是基本型单片机 21 个 SFR（也称为特殊功能寄存器）。它离散地分布在 80H～FFH 空间。虽然，它们不连续地分布在片内 RAM 的高 128 单元中，其中还有许多空闲地址，但是用户不能使用。

MCS-51 共有 4 个 8 位的并行 I/O 口，分别记作 P0、P1、P2、P3。每个口都包含一个锁存器、一个输出驱动器和输入缓冲器。这些端口在结构和特性上基本相同，但又各具特点。P1 端口是唯一的单功能口，仅能用作通用数据输入/输出口。P3 端口是双功能口，除具有数据输入/输出功能外，每一条端口线还具有不同的第二功能。在需要外部程序存储器和数据存储器扩展时，P0 端口为分时复用的低 8 位地址线/数据总线，P2 端口为高 8 位地址总线。

80C51 单片机的时钟信号有内部时钟方式和外部时钟方式两种。内部的各种微操作都以振荡（晶振）周期为时序基准，晶振信号二分频后形成两相错开的时钟信号 P1 和 P2。一个机器周期包含 12 个晶振周期（或 6 个 S 状态周期）。指令的执行时间称作指令周期。

单片机的复位操作使单片机进入初始化状态。复位后，P0～P3＝FFH，相当于各口锁存器已写入 1，此时不但可用于输出，也可以用于输入；SP＝07H，堆栈指针指向片内 RAM 的 07H 单元（第一个堆栈内容将写入 08H 单元）；IP、IE 和 PCON 的有效位为 0，各中断源处于低优先级且均被关断，串行通信的波特率不加倍；PSW＝00H，当前工作寄存器为 0 组。

习 题

一、填空题

1. 单片机 80C51 内部整体结构有 3 个模块，即_____、_____、_____。

2. 单片机的存储器主要有 4 个物理存储空间，即_____、_____、_____、_____。

3. 单片机的应用程序一般存放在_____中。

4. 片内 RAM 低 128 单元按其用途划分为_____、_____和_____ 3 个区域。

5. 当振荡脉冲频率为 12 MHz 时，一个机器周期为_____；当振荡脉冲频率为 6 MHz 时，一个机器周期为_____。

6. 单片机总线按照功能分为_____、_____、_____ 3 种。

7. 单片机的复位电路有两种，即_____和_____。

8. 出入单片机的复位信号延续_____个机器周期以上的_____电平时才有效，用于完成单片机的复位初始化操作。

二、选择题

1. 单片机中的程序计数器 PC 用来（　　　）。

A. 存放指令　　　　　　　　　　　　B. 存放正在执行的指令地址

C. 存放下一条指令地址　　　　　　　D. 存放上一条指令地址

2. 单片机 8031 的 EA 引脚（　　　）。

A. 必须接地　　　　　　　　　　　　B. 必须接 5 V 电源

C. 可悬空　　　　　　　　　　　　　D. 以上三种视需要而定

3. 外部拓展存储器时，分为复用做数据线和低 8 位地址线的是（　　　）。

A. P0 口　　　　　　　　　　　　　　B. P1 口

C. P2 口　　　　　　　　　　　　　　D. P3 口

4. PSW 中的 RS1 和 RS0 用来（　　　）。

A. 选择工作寄存器组　　　　　　　　B. 指示复位

C. 选择定时器　　　　　　　　　　　D. 选择工作方式

5. 单片机上电复位后，PC 的内容为（　　　）。

A. 0x0000　　　　　　　　　　　　　B. 0x0003

C. 0x000B　　　　　　　　　　　　　D. 0x0800

6. 8051 单片机的程序计数器 PC 为 16 位计数器，其寻址范围是（　　　）。

A. 8 KB　　　　　　　　　　　　　　B. 16 KB

C. 32 KB　　　　　　　　　　　　　　D. 64 KB

7. 单片机的 ALE 引脚以晶振振荡频率的（　　　）固定频率输出正脉冲，因此它可作为外部时钟或外部定时脉冲使用。

A. 1/2　　　　　　　　　　　　　　　B. 1/4

C. 1/6　　　　　　　　　　　　　　　D. 1/12

8. 单片机的 4 个并行 I/O 端口作为通用 I/O 端口使用，在输出数据时，必须外接上拉电阻的是（　　　）。

A. P0 口　　　　　　　　　　　　　　B. P1 口

C. P2 口　　　　　　　　　　　　　　D. P3 口

9. 当单片机应用系统需要扩展外部存储器或其他接口芯片时，（　　　）可作为低 8 位地址总线使用。

A. P0 口 　　　　　　　　　　　　　　　　B. P1 口

C. P2 口 　　　　　　　　　　　　　　　　D. P0 口和 P2 口

10. 当单片机应用系统需要扩展外部存储器或其他接口时,(　　　)可作为高 8 位地址总线使用。

A. P0 口 　　　　　　　　　　　　　　　　B. P1 口

C. P2 口 　　　　　　　　　　　　　　　　D. P0 口和 P2 口

三、判断题

1. 单片机 8031 芯片内部结构中无 ROM。 　　　　　　　　　　　　　　　（　　）

2. 程序计数器 PC 是一个 16 位的计数器,它的寻址范围为 32K。 　　　　（　　）

3. 程序状态寄存器 PSW 是状态标志寄存器,主要用于保存 ALU 运算结果的特征和处理状态。 　　　　　　　　　　　　　　　　　　　　　　　　　　　　　　（　　）

4. 对于 ROM,CPU 在运行时能随时进行数据的写入和读出,但在关闭电源时,其所存储的信息将丢失。 　　　　　　　　　　　　　　　　　　　　　　　　　　　　（　　）

5. RAM 是一种写入和读出信息存储器。断电后 ROM 中的信息不变,所以常用来存放程序或常数,如系统监控程序、常数表等。 　　　　　　　　　　　　　　　　（　　）

6. 单片机 80C51 的 EA 引脚接低电平时从片外程序存储器开始取指令。 　（　　）

7. 单片机 80C51 芯片管脚 P3.2 的功能是定时器/计数器 0 的外部输入端口。（　　）

8. 状态周期又称为时钟周期,用 S 表示。每一个状态周期是振荡周期的两倍。（　　）

9. 机器周期是机器的基本操作周期,一个机器周期含 6 个状态周期,分别用 S1～S6 表示。 　　　　　　　　　　　　　　　　　　　　　　　　　　　　　　　（　　）

10. 单片机复位初始化后,P0～P3＝00H,相当于各口锁存器已写入 0,此时不但可用于输出,也可以用于输入。 　　　　　　　　　　　　　　　　　　　　　　　（　　）

四、简答题

1. 简述程序状态寄存器 PSW 各位的含义。

2. P3 端口的第二功能是什么?

3. P0 端口的功能是什么?如何使用?

4. 画出单片机的时钟电路,并指出石英晶体和电容的取值范围。

5. 画出 C51 单片机按键复位电路,指出各个原件的取值范围,并说明其工作原理。

6. C51 单片机内 RAM 的组成是如何划分的?各有什么功能?

五、实验题

用 Proteus 绘制单片机 P1 端口控制 8 位 LED 灯,并将下面一段程序编译成 hex 文件,顺序点亮。

```
#include <reg51.h>
#include <intrins.h>
void delayms(unsigned int xms)
{
    unsigned int i,j;
    for(i=xms;i>0;i--)
```

```
        for(j=120;j>0;j--);
}
void main()
{
    P1=0xfe;
    while(1)
    {
        P1=_crol_(P1,1);
        delayms(400);
    }
}
```

第3章 单片机C语言开发基础

3.1 C语言源程序的结构特点

在计算机中，所有的指令、数据都是用二进制代码来表示的。这种用二进制代码表示的指令系统称为机器语言，用机器语言编写的程序称为机器语言程序或"目标程序"。对于计算机，机器语言能被直接识别并快速执行。但对于使用者，这种用机器语言编写的程序很难识别和记忆，容易出错。为了克服这些缺点，出现了汇编语言和高级语言。

汇编语言是一种用文字助记符来表示机器指令的符号语言，可以说是最接近机器码的一种单片机编程语言，主要优点是占用资源少，程序执行率高，当然也由于一条指令就对应一条机器码，所以每一步的执行动作都是比较清楚的，调试起来也是比较方便的。但对于程序开发来说，不同类型的单片机，其汇编语言是有差异的。程序员写出的汇编语言程序的确有执行效率高的优点，但汇编语言的可移植性和可读性差的特点，使得开发出来的产品在维护和功能升级时有极大的困难，从而导致整个系统的可靠性和可维护性比较差。

随着单片机开发技术的不断发展，高级语言被广泛地应用于单片机系统的开发，其中以C语言为主。C语言已成为当前举世公认的高效简洁而又贴近硬件的编程语言之一。

C51是针对8051系列单片机开发的高级语言。它与标准的C语言基本一致，但根据8051单片机的硬件特点作了少量的扩展和重新定义。例如，C51中定义的库函数和标准C语言定义的库函数不同，标准的C语言定义的库函数是按通用微型计算机来定义的，而C51中的库函数是按MCS-51单片机相应情况来定义的；C51支持位变量，printf函数由串行口输出而不是由屏幕输出，且不同厂家的单片机为描述其硬件的差异需要使用特定的头文件；C51与标准C在函数使用方面也有一定的区别，C51中有专门的中断函数等。

C51主要有以下特点：

（1）语言简洁、紧凑，使用方便、灵活；

（2）运算符极其丰富；

（3）生产的目标代码质量高，程序执行效率高；

（4）C51程序由若干函数组成，具有良好的模块化结构，便于改进和扩充；

（5）有丰富的库函数，可大大减少用户的编程量，显著缩短编程与调试时间，大大提高软件开发效率；

（6）可以直接对硬件进行操作；

（7）程序具有良好的可读性和可维护性。

　　单片机 C51 语言继承了 C 语言的特点，其程序结构与一般 C 语言结构没有差别。C51 源程序文件扩展名为 ".c"。C51 程序和标准 C 程序结构相同，采用函数结构。每个 C51 程序由一个或多个函数组成，在这些函数中至少应包含一个主函数 main()，也可以包含一个 main() 函数和若干个其他的功能函数。程序的执行总是从 main() 函数开始的，当主函数所有语句执行完毕时，程序执行完毕。

　　程序的开始部分一般是预处理命令、函数说明和变量定义等。

```
预处理命令    include<   >
函数说明      float  fun1();
long   fun2();
fun1()
{
    函数体
}
fun2()
{
    函数体

    main()
{
    主函数体
}
```

接下来以一个简单 C51 程序为例来认识一下 C51 的基本结构。

```
01      #include <reg51.h>
02      sbit led=P1^0;
03      void  delay(unsigned int i)
04      {
05        unsigned int j, k;
06        for(k=0;k<i;k++)
07          for(j=0;j<255;j++);
08      }
09      void main()
10      {
11        while(1)
12        {
13          led=~led;
14          delay(10);
15        }
16      }
```

第 1 行是预处理命令部分，常用 ♯include 命令来包含一些程序中用到的头文件。这些头文件中包含了一些库函数以及其他函数的声明及定义。♯include＜reg51.h＞是文件包含语句，表示把语句中指定文件的全部内容复制到此处，与当前的源程序文件链接成一个源文件。该语句中指定的文件 reg51.h 是 Keil C51 编译器提供的头文件，保存在文件夹 "keil\c51\inc" 下，该文件包含了 51 单片机特殊功能寄存器 SFR 和位名称的定义。例如，在 reg51.h 文件中有下面的语句：

   sfr P0＝0x80;

该语句定义了符号 P0 与 51 单片机内部 P0 口地址 0x80 对应。

程序中包含文件 reg51.h 的目的，是为了通知 C51 编译器，程序中所用的符号 P0 是指 51 单片机的 P0 口。在 C51 程序设计中，我们可以把 reg51.h 头文件包含在自己的程序中，直接使用已定义的 SFR 名称和位名称，例如符号 P0 表示并行 P0 口。也可以直接在程序中自行利用关键字 sfr 和 sbit 来定义这些特殊功能寄存器和特殊位名称。

如果需要使用的 reg51.h 文件中没有定义的 SFR 或位名称，可以自行在该文件中添加定义，也可以在源程序中定义。例如，在上述程序中，我们自行定义了下面的位名称：

   sbit led＝P1^0;   //定义位名称 led，对应 P1 口的第 0 位

第 3～8 行是自定义函数声明部分，用来声明源程序中的自定义函数。程序中定义了一个延时功能函数，void delay(unsigned int i) 是函数定义部分，定义该函数名称为 delay，函数类型为 void，形式参数为无符号整型变量 i。第 4～8 行是 delay 函数的函数体，其中第 5 行是定义数据类型的说明部分，第 6～7 行是实现函数功能的执行部分。

第 9～16 行是 main() 主函数部分。main() 函数是 C51 程序中必不可少的主函数，是整个 C51 程序的入口。不论其位于程序代码中的哪个位置，C51 程序总是从 main() 函数开始执行的。

通过对上述源程序的分析，我们可以了解到 C51 程序的结构特点、基本组成和书写格式。用 C51 语言写出的程序以函数形式组织程序结构，C51 程序中的函数与其他语言中所描述的"子程序"或"过程"的概念是一样的。

一个 C51 语言源程序是由一个或若干个函数组成的，每一个函数完成相对独立的功能。每个 C51 程序都必须有（且仅有）一个主函数 main()，程序的执行总是从主函数开始，再调用其他函数后返回主函数 main()，不管函数的排列顺序如何，最后在主函数中结束整个程序。

一个函数由两部分组成：函数定义和函数体。

函数定义部分包括函数名、函数类型、函数属性、函数参数（形式参数）名、参数类型等。对于 main() 函数来说，main 是函数名，函数名前面的 void 说明函数类型（空类型，表示没有返回值），函数名后面必须跟一对圆括号，里面是函数的形式参数定义，如 main() 表示该函数没有形式参数。

main() 函数后面一对大括号内的部分称为函数体，函数体由定义数据类型的说明部分和实现函数功能的执行部分组成。

C51 语言程序中可以有一些专用的预处理命令，例如上述源程序中的"♯include ＜reg51.h＞"，预处理命令通常放在源程序的最前面。

从上面的两个源程序我们也可以看出，C51 和 C 语言一样，使用";"作为语句的结束符，一条语句可以多行书写，也可以一行书写多条语句。

3.2　标识符和关键字

标识符和关键字是编程语言的基本组成部分，C51 语言同样支持自定义的标识符以及系统保留的关键字。在进行具体的 C51 程序设计时，需要了解标识符和关键字的含义并掌握其使用规则。

3.2.1　标识符

标识符常用来声明某个对象的名称，如变量和常量的声明、数组和结构的声明、自定义函数的声明以及数据类型的声明等。示例如下：

```
int sum;int key;
void delay( );
```

在上面的例子中，sum 为整型变量的标识符，delay 为自定义函数的标识符。

在 C51 语言中，标识符可以由字母、数字(0～9)或者下划线"_"组成，最多可支持 32 个字符。C51 标识符的第一个字符必须为字母或者下划线，例如"unt"、"ch_2"等都是正确的，而"5count"则是错误的标识符。程序中对于标识符的命名应当简洁明了，含义清晰，便于阅读理解，如用标识符"min"表示最小值，用"TIMER1"表示定时器 1 等。有些编译系统专用的标识符是以下划线开头的，所以一般不要以下划线开头命名标识符，可以将下划线用做分段符。标识符在命名时应当简单，含义清晰，这样有助于阅读和理解程序。

另外，C51 的标识符区分大小写，例如"sum"和"SUM"代表两个不同的标识符，使用标识符时应注意以下几点：

• 在命名 C51 标识符时，需要能够清楚地表达其功能含义，这样有助于阅读和理解源程序。

• C51 的标识符原则上可以使用下划线开头，但有些编译系统的专用标识符或者预定义项是以下划线开头的，因此为了程序的兼容性和可移植性，建议一般不使用下划线开头来命名标识符。

• 尽量不要使用过长的标识符，以便于使用和程序理解方便。

• 自定义的 C51 标识符不能使用 C51 语言保留的关键字，也不能和用户已使用的函数名或 C51 库函数同名。例如"char"是关键字，所以不能作为标识符使用。

3.2.2　关键字

关键字是 C51 语言的重要组成部分，是编程语言保留的特殊标识符，它们具有固定名称和含义，如 int、if、for、do、while、case 等。在编写 C 语言源程序时一般不允许标识符的命名与关键字相同。在 Keil μVision 中的关键字除了有 ANSI C 标准的 32 个关键字外，还根据 51 单片机的特点扩展了相关的关键字。ANSI C 标准的关键字及其扩展关键字分别如表 3-1 和表 3-2 所示。在 C51 语言程序设计中，用户自定义的标识符不能和这些关键字冲突，否则无法通过编译。

表 3 - 1 ANSI C 标准关键字

关键字	用　　途	说　　明
auto	存储类说明	说明局部变量
break	程序语句	退出最内层循环
case	程序语句	switch 语句中的选择项
char	数据类型说明	单字节整型数或字符型数据
const	存储类型说明	在程序执行过程中不可能修改的变量值转向
continue	程序语句	下一个循环
default	程序语句	switch 语句中的失败选择项
do	程序语句	构成 do_while 循环结构
double	数据类型说明	双精度浮点数
else	程序语句	构成 if_else 选择结构
enum	数据类型说明	枚举
extern	存储种类说明	在其他程序模块中说明了的全局变量
float	数据类型说明	单精度浮点数
for	程序语句	构成 for 循环结构
goto	程序语句	构成 goto 转移结构
if	程序语句	构成 if_else 选择结构
int	数据类型说明	基本整型数
long	数据类型说明	长整型数
register	存储种类说明	使用 CPU 内部寄存器的变量
return	程序语句	函数返回
short	数据类型说明	短整型数
signed	数据类型说明	有符号数，二进制数据的最高位为符号位
sizeof	运算符	计算表达式或数据类型的字节数
static	存储种类说明	静态变量
struct	数据类型说明	结构类型数据
switch	程序语句	构成 switch 选择结构
typedef	数据类型说明	重新进行数据类型定义
union	数据类型说明	联合数据类型
unsigned	数据类型说明	无符号数据
void	数据类型说明	无符号数据
volatile	数据类型说明	说明该变量在程序执行中可被隐含地改变
while	程序语句	构成 while 和 do_while 循环结构

表 3－2　ANSI C 扩展关键字

关键字	用　　途	说　　明
bit	位标量声明	声明一个位标量或位类型的函数
sbit	位标量声明	声明一个可位寻址变量
sfr	特殊功能寄存器声明	声明一个特殊功能寄存器(8 位)
sfr16	特殊功能寄存器声明	声明一个 16 位的特殊功能寄存器
data	存储器类型声明	直接寻址的 8051 内部数据存储器
bdata	存储器类型声明	可位寻址的 8051 内部数据存储器
idata	存储器类型说明	间接寻址的 8051 内部数据存储器
pdata	存储器类型说明	"分页"寻址的 8051 外部数据存储器
xdata	存储器类型说明	8051 外部数据存储器
code	存储器类型说明	8051 程序存储器
interrupt	中断函数说明	定义一个中断函数
using	寄存器组定义	定义 8051 工作寄存器组
reentrant	再入函数声明	定义一个再入函数

3.3　数据类型与运算符

　　具有一定格式的数字或数值叫做数据。数据是计算机操作的对象，无论使用何种语言、算法进行程序设计，最终在计算机中运行的都是数据流，任何程序设计都离不开对于数据的处理。数据的不同存储格式称为数据类型，数据按一定的数据类型进行排列、组合、架构则称为数据结构，数据在计算机内存中的存放情况由数据结构决定。

3.3.1　数据类型

　　C 语言的数据结构是以数据类型体现的，数据类型可分为基本数据类型和复杂数据类型，复杂数据类型由基本数据类型构造而成。

　　C 语言数据类型包括：基本类型、构造类型、指针类型以及空类型等。基本类型有位(bit)、字符(char)、整型(int)、短整型(short)、长整型(long)、浮点型(float)以及双精度浮点型(double)等；构造类型包括数组(array)、结构体(struct)、共用体(union)以及枚举类型(enum)等。

　　C 语言中的基本数据类型有 char、int、short、long、float 和 double。对于 C51 编译器来说，short 型与 int 型相同，double 型与 float 型相同。C51 的基本数据类型如表 3－3 所示。

表 3－3　基本数据类型

基本数据类型	长　　度	取 值 范 围
unsigned char	1 字节	0～255
signed char	1 字节	－128～＋127
unsigned int	2 字节	0～65535

续表

基本数据类型	长　　度	取 值 范 围
signed int	2 字节	−32768～+32767
unsigned long	4 字节	0～4294967295
signed long	4 字节	−2147483648～+2147483647
float	4 字节	±1.175494e−38～±3.402823e+38
*	1～3 字节	对象的地址
bit	1 位	0 或 1
sbit	1 位	0 或 1
sfr	1 字节	0～255
sfr16	2 字节	0～65 535

分别说明如下：

（1）char：字符类型，通常用于定义处理字符数据的变量或常量，有 signed char 和 unsigned char 之分，默认为 signed char。对于 signed char 型数据，其字节中的最高位表示该数据的符号，"0"表示正数，"1"表示负数，负数用补码表示，所能表示的数值范围是 −128～127；unsigned char 型数据是无符号字符型数据，其字节中的所有位均用来表示数据的数值，所表示的数值范围是 0～255。

（2）int：整型，长度为两个字节，用于存放一个双字节数据。int 型分有符号整型数 signed int 和无符号整型数 unsigned int，默认为 signed int 类型。signed int 表示的数值范围是 −32 768～+32 767，字节中最高位表示数据的符号，"0"表示正数，"1"表示负数。unsigned int 表示的数值范围是 0～65 535。

（3）long：长整型，有 signed long 和 unsigned long 之分，默认值为 signed long。它们的长度均为四个字节。singed long 是有符号的长整型数据，字节中的最高位表示数据的符号，"0"表示正数，"1"表示负数，数值的表示范围是 −2 147 483 648～2 147 483 647；unsigned long 是无符号长整型数据，数值的表示范围是 0～4 294 967 295。

（4）float：浮点型，是符合 IEEE-754 标准的单精度浮点型数据，在十进制中具有 7 位有效数字。float 型数据占用四个字节（2 位二进制数）。需要指出的是，对于浮点型数据，除了有正常数值之外，还可能出现非正常数值。

（5）*：指针型，不同于以上四种基本数据类型，它本身是一个变量，在这个变量中存放的不是一般的数据而是指向另一个数据的地址。指针变量也要占据一定的内存单元，在 C51 中指针变量的长度一般为 1～3 个字节。指针变量也具有类型，其表示方法是在指针符号"*"的前面冠以数据类型符号。如"char * point1"表示 point1 是一个字符型的指针变量；"float * point2"表示 point2 是一个浮点型的指针变量。指针变量的类型表示该指针所指向地址中数据的类型。使用指针型变量可以方便地对 8051 单片机的各部分物理地址直接进行操作。

（6）bit：位标量，是 C51 编译器的一种扩充数据类型，利用它可定义一个位标量，但不能定义位指针，也不能定义位数组。它的值是一个二进制位，不是 0 就是 1，类似于一些高级语言中的 Boolean 类型中的 True 和 False。

（7）sfr：特殊功能寄存器，也是一种扩充数据类型，占用一个内存单元，值域为 0～255。利用它能访问 51 单片机内部的所有特殊功能寄存器。如用"sfr P1＝0x90"定义 P1 为 P1 端口在片内的寄存器，在后面的语句中用 P1＝255（对 P1 端口的所有引脚置高电平）之类的语句来操作特殊功能寄存器。

（8）sfr16：16 位特殊功能寄存器，占用两个内存单元，值域为 0～65 535。sfr16 和 sfr 一样用于操作特殊功能寄存器，所不同的是它用于操作占两个字节的寄存器，如定时器 T0 和 T1。

（9）sbit：可寻址位，同样是单片机 C 语言中的一种扩充数据类型。利用它能访问芯片内部的 RAM 中的可寻址位或特殊功能寄存器中的可寻址位。

在 C51 语言程序的表达式或变量赋值运算中，有时会出现运算对象的数据类型不一致的情况，C 语言允许任何标准数据类型之间的隐式转换。隐式转换按以下优先级别自动进行：

$$bit \rightarrow char \rightarrow int \rightarrow long \rightarrow float\ signed \rightarrow unsigned$$

其中，箭头方向仅表示数据类型级别的高低，转换时由低向高进行，而不是数据转换时的顺序。例如，将一个 bit 型变量赋给一个 int 型变量时，直接把 bit 型变量值转换成 int 型变量值并完成赋值运算。一般来说，如果有几个不同类型的数据同时参加运算，先将低级别类型的数据转换成高级别类型，再做运算处理，并且运算结果为高级别类型数据。C 语言除了能对数据类型做自动的隐式转换之外，还可以采用强制类型转换符"（）"对数据类型做显式转换。

强制类型转换需要使用强制类型转换运算符，其形式为

（类型名）（表达式）；

例如，"（double) a；"表示将 a 强制转换成 double 类型。

3.3.2　常量和变量

常量是在程序运行过程中不能改变值的量，而变量是可以在程序运行过程中不断变化的量。变量的定义可以使用所有 C51 编译器支持的数据类型，而常量的数据类型只有整型、浮点型、字符型、字符串型和位标量。

1. 常量

常量是指在程序执行过程中其值不能改变的量，如固定的数据表、字库等。C51 支持整型常量、浮点型常量、字符型常量和字符串型常量。

1）整型常量

C51 中整型常量可以表示成以下几种形式：

（1）十进制整数，如 120、−78、0 等。

（2）十六进制整数，以 0x 开头，如 0x11 表示十六进制数 11H。

（3）长整数。在 C51 中当一个整数的值达到长整型的范围时，该数按长整型存放，在存储器中占四个字节。另外，如在一个整数后面加一个字母 L，则这个数在存储器中也按长整型存放，如 123L 在存储器中占四个字节。

2）浮点型常量

浮点型常量也即实型常数，有十进制和指数两种表示形式。

十进制表示形式又称定点表示形式，由数字和小数点组成，如 0.123、34.645 等都是

十进制数表示形式的浮点型常量。

指数表示形式为

$$[\pm]\text{数字}[.\text{数字}]e[\pm]\text{数字}$$

例如，523.658e－3、－6.324e2 等都是指数形式的浮点型常量。

3) 字符型常量

字符型常量是加单引号的字符，如′b′、′3′、′M′等。可以是可显示的 ASCII 字符，也可以是不可显示的控制字符。对不可显示的控制字符须在前面加上反斜杠"\"组成转义字符。利用它可以完成一些特殊功能和输出时的格式控制。常用的转义字符如表 3－4 所示。

表 3－4　转 义 字 符

转义字符	含　义	ASCII 码
\ 0	空字符(null)	00H
\ n	换行符(LF)	0AH
\ r	回车符(CR)	0DH
\ t	水平制表符(HT)	09H
\ b	退格符(BS)	08H
\ f	换页符(FF)	0CH
\ ′	单引号	27H
\ ″	双引号	22H
\ \	反斜杠	5CH

4) 字符串型常量

字符串型常量由双引号括起的字符组成，如″LED″、″76″、″hello″等。

字符串常量与字符常量是不一样的，一个字符常量在计算机内只用一个字节存放，而一个字符串常量在内存中存放时不仅双引号内的字符一个占一个字节，而且系统会自动地在后面加一个转义字符"\0"作为字符串结束符。因此不要将字符常量和字符串常量混淆，如字符常量′A′和字符串常量″A″是不一样的。

2. 变量

编写程序时，常常需要将数据存储在内存中，方便后面使用或者修改这个数据的值。因此，需要引入变量的概念。在程序运行过程中，其值可以被改变的量称为变量。变量有以下三个要素。

• 变量名：每个变量都必须有一个名字，即变量名。变量的命名规则与用户自定义标识符的命名规则相同。

• 变量值：在程序运行过程中，变量值存储在内存中；不同类型的变量占用的内存单元(字节)数不同。在程序中，通过变量名来引用变量值。

• 变量的地址：即变量在内存中存放其值的起始单元地址。

在 C51 中，使用变量前必须对变量进行定义，指出变量的数据类型和存储模式，以便编译系统为它分配相应的存储单元。定义的格式如下：

　　　[存储种类] 数据类型 [存储器类型] 变量名表

在定义格式中除了数据类型和变量名表是必要的，其他都是可选项。

(1) 存储种类有四种：自动(auto)、外部(extern)、静态(static)和寄存器(register)，缺省类型为自动(auto)。

(2) 数据类型说明符：指明变量的数据类型。指明变量在存储器中占用的字节数；数据类型可以是基本数据类型说明符，也可以是组合数据类型说明符，还可以是用 typedef 或 ♯define 定义的类型别名。

在 C51 中，为了增加程序的可读性，允许用户为系统固有的数据类型说明符用 typedef 或 ♯define 起别名，格式如下：

　　　　typedef　C51 固有的数据类型说明符　　别名；

或

　　　　♯define 别名　C51 固有的数据类型说明符；

定义别名后，就可以用别名代替数据类型说明符对变量进行定义了。别名可以用大写字母，也可以用小写字母。如：

　　　　♯define uchar unsigned char

这样，在编程中，就可以用 uchar 代替 unsigned char。

(3) 存储器类型：指定义变量时，根据 51 单片机存储器的特点，指明该变量所处的单片机的内存空间。

C51 单片机的存储器主要有：片内数据存储器、特殊功能寄存器、片外数据存储器、片内程序存储器和片外程序存储器，如表 3-5 所示。

表 3-5　C51 单片机的存储区

存储类型	与存储空间的对应关系
data	直接寻址片内数据存储器，访问速度快(128 字节)
bdata	可位寻址片内数据存储器，允许位与字节混合访问(16 字节)
idata	间接寻址片内数据存储器，可访问片内全部 RAM 地址空间(256 字节)
pdata	分页寻址片外数据存储器(256 字节)
xdata	片外数据存储器(64 KB)
code	程序存储器(64 KB)

使用汇编指令访问时，依据不同的指令和不同的寻址方式即可区分存储器类型。在 C51 中，则要通过定义存储器类型来加以说明。

C51 编译器支持 MCS-51 单片机的硬件结构，可完全访问 MCS-51 硬件系统的所有部分。

编译器通过将变量或者常量定义成不同的存储类型(data、bdata、idata、pdata、xdata、code)的方法，将它们定位在不同的存储区中。

(4) 变量名表格式：

　　　　变量名 1[=初值]，变量名 2[=初值]，...

在 C51 中，规定变量名可以由字母、数字和下划线三种字符组成，且第一位必须为字母或下划线。

变量名有两种：普通变量名和指针变量名。指针变量名前面要带" ＊ "号。

3.3.3　运算符

运算符就是完成某种特定运算的符号。运算符按其表达式中与运算符的关系可分为单目运算符、双目运算符和三目运算符。单目指只有一个运算对象，双目有两个运算对象，三目则有三个运算对象。由运算符及运算对象所组成的具有特定含义的式子称为表达式。

1. 赋值运算符

赋值运算符只有一个，即"＝"。

在 C 中，它的功能是给变量赋值，如 x＝10。

赋值表达式后面加";"号就构成了一个赋值表达式语句。赋值运算符是右结合性，且优先级最低。例如：

$$a＝(b＝2)＋(c＝3);$$

该表达式的值为 5，变量 a 的值为 5。

在赋值运算中，当"＝"两侧的类型不一致时，要将其转换成同一数据类型。

2. 算术运算符

C51 中的算术运算符如下：

＋：加或取正值运算符；

－：减或取负值运算符；

＊：乘运算符；

/：除运算符；

％：模(取余)运算符。

这些运算符中加、减、乘、除为双目运算符，它们要求有两个运算对象。例如：9 ％ 4 ＝1，即 9 除以 4 的余数是 1。

3. 自增自减运算符

自增运算符为"＋＋"；自减运算符为"－－"。

自增自减运算符的作用是使变量值自动加 1 或减 1。自增自减运算符可用在操作数之前，也可放在其后。例如，"x＝x＋1"既可以写成"＋＋x"，也可写成"x＋＋"，其运算结果完全相同。但在表达式中这两种用法是有区别的。

＋＋i，－－i："运算符在前，先运算后使用"，即在使用 i 之前，先使 i 值加(减)1；

i＋＋，i－－："运算符在后，先使用后运算"，即在使用 i 之后，再使 i 值加(减)1。

例如：若 i 值原来为 4，则对于"j＝＋＋i;"语句，j 值为 5，i 值为 5；对于"j＝i＋＋;"语句，j 值为 4，i 值为 5。

一般来说，用自增和自减操作生成的程序代码比等价的赋值语句生成的代码运行的速度更快。

4. 关系运算符

C51 中有 6 种关系运算符：

＞：大于；

＜：小于；

＞＝：大于等于；

＜＝：小于等于；

＝＝：测试等于；

！＝：测试不等于。

关系和逻辑运算符的优先级比算术运算符低，例如表达式"10＞x＋12"的计算，应看做是"10＞(x＋12)"。

5. 逻辑运算符

C51 中的逻辑运算符有：

＆＆：逻辑与；

｜｜：逻辑或；

！：逻辑非。

具体用法如下：

逻辑与：条件式 1 ＆＆ 条件式 2；

逻辑或：条件式 1 ｜｜ 条件式 2；

逻辑非：！ 条件式。

例如，当 a ＝ 7，b ＝ 6，c ＝ 0 时，有如下结果：

$\quad$ ！a ＝0

$\quad$ ！c＝1

$\quad$ a ＆＆ b ＝1

$\quad$ ！a ＆＆ b＝0

$\quad$ b｜｜c ＝1

$\quad$ (a＞0) ＆＆ (b＞3) ＝1

$\quad$ (a＞8) ＆＆ (b＞0) ＝0

6. 位运算符

位运算符的作用是按位对变量进行运算，但并不改变参与运算的变量的值。位运算符不能用来对浮点型数据进行操作。位运算一般的表达形式如下：

$\quad$ 变量 1 位运算符 变量 2

C51 中共有 6 种位运算符(优先级从上往下递减)：

＆：按位与；

｜：按位或；

＾：按位异或；

～：按位取反；

＜＜：左移；

＞＞：右移。

例如，已知 a ＝ 0x54 ＝ 0101 0100B，b ＝ 0x3b ＝ 0011 1011B，则

$\quad$ a ＆ b ＝ 00010000

$\quad$ a｜b ＝ 01111111

$\quad$ a ＾ b ＝ 01101111

$\quad$ ～a ＝ 10101011

$\quad$ a＜＜2 ＝ 01010000

$\quad$ b＞＞1 ＝ 00011101

7. 复合运算符

复合运算符就是在赋值运算符"="的前面加上其他运算符。以下是 C51 语言中的复合赋值运算符：

＋＝：加法赋值；

＞＞＝：右移位赋值；

－＝：减法赋值；

＆＝：逻辑与赋值；

＊＝：乘法赋值；

｜＝：逻辑或赋值；

／＝：除法赋值；

＾＝：逻辑异或赋值；

％＝：取模赋值；

～＝：逻辑非赋值；

＜＜＝：左移位赋值。

其含义就是变量与表达式先进行运算符所要求的运算，再把运算结果赋值给参与运算的变量。其实这是 C 语言中简化程序的一种方法，凡是二目运算都可以用复合赋值运算符去简化表达。例如：

a＋＝b	相当于	a＝a＋b
a％＝b	相当于	a＝a％b
a－＝b	相当于	a＝a－b
a＜＜＝2	相当于	a＝a＜＜2
a＊＝b	相当于	a＝a＊b

8. 对指针操作的运算符

对指针操作的运算符只有一个，即"＆"，其又能用于按位与，此时"＆"的两边必须有操作对象。还可作为指针变量的标志，但此时一定出现在对指针定义中。

9. 条件运算符

C51 中的条件运算符为"？："。

条件运算符是 C51 语言中唯一的一个三目运算符，它要求有三个运算对象，用它可以将三个表达式连接在一起构成一个条件表达式。条件表达式的一般格式为

逻辑表达式？表达式 1：表达式 2

逻辑表达式？表达式 1：表达式 2

其功能是先计算逻辑表达式的值，当逻辑表达式的值为真（非 0 值）时，将计算的表达式 1 的值作为整个条件表达式的值；当逻辑表达式的值为假（0 值）时，将计算的表达式 2 的值作为整个条件表达式的值。

例如，条件表达式"max＝(a＞b)？a：b"的执行结果是将 a 和 b 中较大的数赋值给变量 max。

10. 强制转换运算符

当参与运算的数据的类型不同时，先转换成同一数据类型，再进行运算。数据类型的

转换方式有两种：一种是自动类型转换；另一种是强制转换。

自动类型转换是在对程序进行编译时由编译器自动处理的。自动类型转换的基本规则是转换后计算精度不降低，所以当 char、int、unsigned、long、double 类型的数据同时存在时，其转换关系为 char→int→unsigned→long→double。例如，当 char 型数据与 int 型数据共存时，先将 char 型转化为 int 型再计算。

强制转换是通过强制类型转换运算符"（）"进行的，其作用是将一个表达式转化为所需类型。其一般形式为

　　　（类型标识符）（表达式）

例如，"int(x+y)"将 x+y 的结果强制转换为整型。

任务 3–1　不同数据类型控制 LED 闪烁

◇ 任务目的

分别采用两种不同的数据类型，即整型和字符型设计延时函数，用同样大小数字来控制延时时间，实现 LED 的闪烁，通过观察闪烁现象来理解不同数据类型的区别。

◇ 任务准备

设备及软件：万用表、计算机、Keil μVision4 软件、Proteus 软件。

◇ 任务实施

1. 任务分析

（1）分别采用无符号整型和无符号字符型数据类型来控制延时函数的时间。unsigned char 类型用单字节来表示数值，数值范围是 0～255。unsigned int 类型是用双字节来表示数值的，数值范围是 0～65 535。

（2）对不同类型的变量设置相同的延时控制参数，使得两灯相互交替闪烁，观察不同数据类型控制的 LED 闪烁的区别。任务电路 Proteus 原理图如图 3–1 所示，当 P1.0 或 P1.1 输出为 0 时，对应发光二极管 D1 或 D2 点亮。当 P1.0 或 P1.1 输出为 1 时，对应发光二极管 D1 或 D2 熄灭。

2. 软件仿真

（1）打开 Keil 软件，在软件中输入任务程序，并对程序进行编译，直至没有错误，并生成相应的 hex 文件。

（2）打开 Proteus 软件，绘制如图 3–1 所示的电路原理图，导入编译后生成的 hex 文件，运行程序，观察仿真效果，如图 3–2 所示。

参考程序如下：

```
#include <reg51.h>              //预处理命令
sbit LED1=P1^0;                 //位定义 P1^0 口为 LED1
sbit LED2=P1^1;                 //位定义 P1^1 口为 LED2
void main(void)                 //主函数名
{   unsigned int a;             //定义变量 a 为 unsigned int 类型
```

```
unsigned char b;                    //定义变量 b 为 unsigned char 类型
unsigned char c;                    //定义变量 c 为 unsigned char 类型
do
{                                   //do while
    for (a=0; a<60000; a++)
        LED1=0;                     //60000 次循环控制延时，P1.0 口为低电平，点亮 D1
    for (a=0; a<60000; a++)
        LED1=1;                     //60000 次循环控制延时，P1.0 口为高电平，熄灭 D1
    for (b=0; b<250; b++)
    {
        for (c=0; c<240; c++)
            LED2=0;                 //60000 次循环控制延时，P1.1 口为低电平，点亮 D2
    }
    for (b=0; b<250; b++)
    {
        for (c=0; c<240; c++)
            LED2=1;                 //60000 次循环控制延时，P1.1 口为高电平，熄灭 D2
    }
}
while(1);
}
```

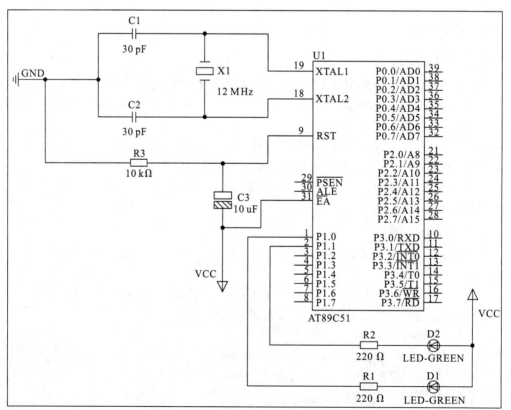

图 3-1 不同数据类型实现 LED 闪烁电路图

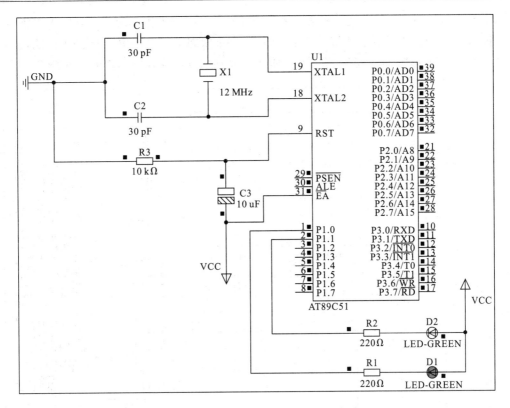

图 3－2　不同数据类型实现 LED 闪烁仿真图

◇ **任务结论**

采用整型和字符型同样大小数值的延时时间控制 LED 的闪烁，通过仿真和实际电路板运行现象观察，很明显 D1 点亮和熄灭的时间长于 D2 点亮和熄灭的时间。由此看出不同数据类型在数据存储及处理时的区别。

任务 3－2　数据运算的 LED 显示

◇ **任务目的**

利用 51 单片机编程实现"60＋43"和"60－43"两道加法和减法运算，并将运算结果分别采用 P1 口外接的 8 个 LED 以二进制的方式显示。

◇ **任务准备**

设备及软件：万用表、计算机、Keil μVision4 软件、Proteus 软件。

◇ **任务实施**

1. 任务分析

定义两个无符号字符型变量 a 和 b，并将其分别赋值为 60 和 43，然后直接将 n＋m 和 n－m 的结果分别送入寄存器 P1。任务电路 Proteus 原理图如图 3－3 所示，当 P0 口或 P1

口引脚输出为 0 时，对应发光二极管点亮；当 P1 口引脚输出为 1 时，对应发光二极管熄灭。根据 P0 口或 P1 口分别所接的 8 个 LED 的亮灭状态可以看出 P0 口或 P1 口输出的高低电平组合，进一步可得出其二进制组合信息，从而验证相应算数运算的正确性。

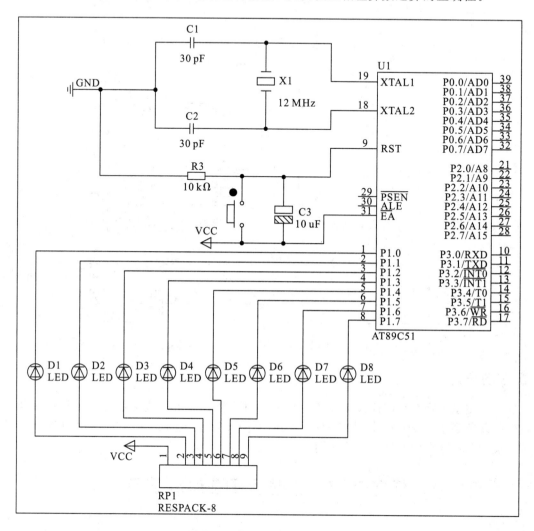

图 3-3　数据运算的 LED 实现

2. 软件仿真

（1）打开 Keil 软件，在软件中输入任务程序，并对程序进行编译，直至没有错误，并生成相应的 hex 文件。

（2）打开 Proteus 软件，绘制如图 3-3 所示的电路，导入编译后生成的 hex 文件，运行程序，观察仿真效果，如图 3-4 所示。

参考程序如下：

```
#include<reg51.h>
void main(void)
{    while(1)                          //无限循环
  {
```

```
        unsigned int a;                    //定义变量 a 为 unsigned int 类型
        unsigned char m, n;                //定义无符号字符型变量
        m＝17;                             //即十进制数 17
        n＝28;                             //即十进制数 28
        for (a＝0；a＜60000；a＋＋)           //60000 次循环控制延时
        P1＝m＋n;                          //P1＝45＝0010 1101B，0 对应的 LED 全被点亮
        for (a＝0；a＜60000；a＋＋)           //90000 次循环控制延时
        P1＝n－m;                          //P0＝11＝0000 1011B，0 对应的 LED 全被点亮
    }
}
```

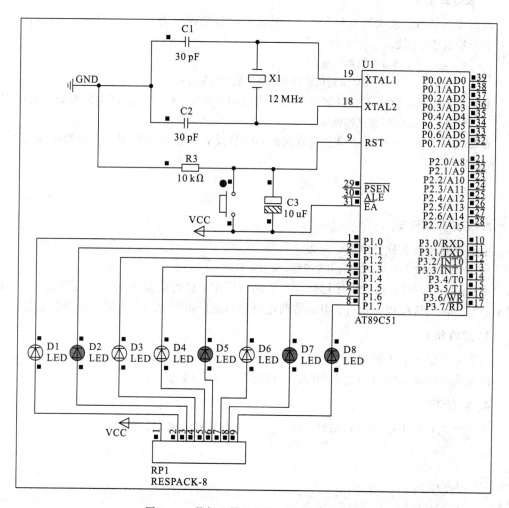

图 3－4　数据运算的 LED 实现仿真效果图

◇ 任务结论

　　通过仿真图和开发板的指示灯可以看到 P0 口和 P1 口外接的 LED 的亮灭状态实现了"60＋43"和"60－43"两道加法和减法运算结果与预期结果相同，验证了 51 单片机的加减算术运算。

3.4　C语言的语句

一个C程序是由若干语句组成的,每个语句以分号作为结束符。C语言的语句可以分为5类,即控制语句、表达式语句、函数调用语句、空语句和复合语句。其中,除了控制语句外,其余4类都属于顺序执行语句。

3.4.1　顺序执行语句

1. 表达式语句

表达式语句由表达式加上分号组成,最常见的就是赋值语句,由一个赋值表达式后面跟一个分号组成。例如:

```
n=8;      /*将8赋值给变量n*/
x=5*x;      /*将变量x的值乘以5的结果赋给变量x*/
```

事实上,任何表达式都可以加上分号成为语句,例如,经常在程序中出现如下的语句:

```
i++;      /*使i变量的值加1*/
```

需要注意的是,有些写法虽然是合法的,但是没有保留计算结果,因而没有实际的意义。例如:

```
b-3;
i++-6;
```

2. 函数调用语句

由函数调用加上分号组成,例如:

```
printf("Hello");      /*调用库函数,输出字符串*/
```

函数是一段程序,这段程序可能存在于函数库中,也可能是由用户自己定义的,当调用函数时会转到该段程序执行。但函数调用语句与前后语句之间的关系是顺序执行的。

3. 空语句

只有分号组成的语句称为空语句。在程序中,如果没有什么操作需要进行,但从语句的结构上来说必须有一个语句时,可以书写一个空语句。

4. 复合语句

把多个语句用大括号括起来组成的一个语句称为复合语句。例如:

```
{
    a=3+9j
    b=15;
    c=Sqrt(a*a+b*b);
}
```

复合语句内的各条语句都必须以分号结尾,在大括号外不能加分号。

3.4.2　控制语句

控制语句用于控制程序流程,实现程序执行流程的转移。控制语句包括以下9种:

```
if()...else...;条件语句;
```

switch：多分支选择语句；

for()...：循环语句；

do...while()：循环语句；

while()：循环语句；

goto：无条件转向语句；

continue：结束本次循环语句；

return：从函数返回语句；

break：终止执行 switch 或循环语句。

上述语句中的"()"表示其中是一个判定条件；"..."表示内嵌的语句。

1. 条件语句

条件语句又被称为分支语句，也有人称之为判断语句，其关键字由 if 构成，这在众多的高级语言中都是基本相同的。C 语言提供了三种形式的条件语句：

（1）if（条件表达式）语句

当条件表达式的结果为真时，就执行语句，不然就跳过。如"if（a＝＝b）a＋＋；"表示当 a 等于 b 时，a 加 1。

（2）if（条件表达式）语句 1

　　　else 语句 2

当条件表达式成立时，执行语句 1，否则执行语句 2。例如：

　　if（a＝＝b）

　　a＋＋；

　　else

　　a－－；

表示当 a 等于 b 时，a 加 1，否则 a 减 1。

（3）if（条件表达式 1）语句 1

　　　else if（条件表达式 2）语句 2

　　　else if（条件表达式 3）语句 3

　　　else if（条件表达式 m）语句 n

　　　else 语句 m

这是由 if else 语句组成的嵌套，用来实现多方向条件分支，使用时应注意 if 和 else 要配对使用，少了一个就会语法出错，且 else 总是与最临近的 if 相配对。一般条件语句只会用做单一条件或少数量的分支，分支较多时则会用到下面将介绍的开关语句。因为如果使用条件语句来编写超过 3 个以上的分支程序，会使程序变得不是那么清晰易读。

2. 分支语句

用多个条件语句能实现多方向条件分支，但是使用过多的条件语句实现多方向分支会使条件语句嵌套过多，程序冗长，不宜读。使用分支语句不但能达到处理多分支选择的目的，而且能使程序结构清晰。

分支语句格式如下：

　　switch（表达式）

```
    {
        case 常量表达式 1：语句 1；break；
        case 常量表达式 2：语句 2；break；
        case 常量表达式 3：语句 3；break；
        case 常量表达式 n：语句 n；break；
        default：语句；
    }
```

运行中，switch 后面的表达式的值将会作为条件，与 case 后面的各个常量表达式的值相对比，如果相等则执行 case 后面的语句，再执行 break（间断语句）语句，以跳出 switch 语句。如果 case 后没有和条件相等的值时就执行 default 后的语句。若在没有符合的条件时要求不做任何处理，则可以不写 default 语句。

3. for 语句

采用 for 语句构成循环结构的一般形式如下：

　　for（[初值设定表达式]；[循环条件表达式]；[更新表达式]）循环体语句；

for 语句的执行过程是：先计算出初值设定表达式的值作为循环控制变量的初值，再检查循环条件表达式的结果，当满足循环条件时就执行循环体语句并计算更新表达式，然后根据更新表达式的计算结果来判断循环条件是否满足……一直进行到循环条件表达式的结果为假（0 值）时，退出循环体。

在 C 语言程序的循环结构中，for 语句的使用最为灵活，它不仅可以用于循环次数已经确定的情况，而且可以用于循环次数不确定而只给出循环结束条件的情况。另外，for 语句中的三个表达式是相互独立的，并不一定要求三个表达式之间有依赖关系。并且 for 语句中的三个表达式都可能缺省，但无论缺省哪一个表达式，其中的两个分号都不能缺省。一般不要缺省循环条件表达式，以免形成死循环。

4. do...while 语句

采用 do...while 语句构成循环结构的一般形式如下：

　　do 循环体语句　　while（条件表达式）；

这种循环结构的特点是先执行给定的循环体语句，再检查条件表达式的结果。当多件表达式的值为真（非 0 值）时，重复执行循环体语句，直到条件表达式的值为假（0 值时为止。因此，do...while 语句构成的循环结构在任何条件下，循环体语句至少会被执行一次。

5. while 语句

采用 while 语句构成循环结构的一般形式如下：

　　while　（条件表达式）　循环体语句；

其意义为，当条件表达式的结果为真（非 0 值）时，程序就重复执行后面的循环体语句，一直执行到条件表达式的结果为假（0 值）为止。这种循环结构是先检查条件表达式所给出的条件，再根据检查的结果决定是否执行后面的语句。如果条件表达式的结果一开始就为假，则后面的语句一次也不会被执行。这里的语句可以是复合语句。

6. goto 语句

goto 语句是一个无条件转向语句，它的一般形式为

> goto　　语句标号；

其中，语句标号是一个带冒号":"的标识符。将 goto 语句和 if 语句一起使用，可以构成一个循环结构。但更常见的是在 C 语言程序中采用 goto 语句来跳出多重循环。需要注意的是，只能用 goto 语句从内层循环跳到外层循环，而不允许从外层循环跳到内层循环。

7. continue 语句

continue 语句是一种中断语句，它一般用在循环结构中，其功能是结束本次循环，即跳过循环体中下面尚未执行的语句，把程序流程转移到当前循环语句的下一个循环周期，并根据循环控制条件决定是否重复执行该循环体。

continue 语句的一般形式为

> continue；

continue 语句通常和条件语句一起用在由 while、do...while 和 for 语句构成的循环结构中。continue 语句也是一种具有特殊功能的无条件转移语句，但与 break 语句不同，continue语句并不跳出循环体，而只是根据循环控制条件确定是否继续执行循环语句。

8. return 语句

return 语句的一般形式为

> return(表达式)；

如果 return 语句后面带有表达式，则要计算表达式的值，并将表达式的值作为该函数的返回值；如果不带表达式，则被调用函数返回主调用函数时，函数值不确定。一个函数的内部可以含有多个 return 语句，但程序仅执行其中的一个 return 语句而返回主调用函数。一个函数的内部也可以没有 return 语句，在这种情况下，当程序执行到最后一个界限符"}"处时，就自动返回主调用函数。

9. break 语句

break 语句可以跳出 switch 结构，使程序继续执行 switch 结构后面的一个语句。

break 语句还可以从循环体中跳出循环，提前结束循环而接着执行循环结构下面的语句。

对于多重循环的情况，break 语句只能跳出它所处的那一层循环，而不像 goto 语句可以直接从最内层循环中跳出来。由此可见，要退出多重循环时，采用 goto 语句比较方便。需要指出的是，break 语句只能用于开关语句和循环语句之中，它是一种具有特殊功能的无条件转移语句。另外还要注意，在进行实际程序设计时，为了保证程序具有良好的结构，应当尽可能地少采用 goto 语句，以使程序结构清晰易读。

任务 3-3　用 if 语句控制 LED 的亮灭状态

◇ 任务目的

设计一个函数，采用单片机和开关配合控制 LED 的亮灭。一个按键 S1 接在 P3.5 与 GND 之间，另一个按键 S2 接在 P3.4 与 GND 之间，发光二极管 D1 接单片机 P1.0 引脚。按下开关 S1 后 LED 亮，按下开关 S2 后 LED 灭。

◇ 任务准备

设备及软件：万用表、计算机、Keil μVision4 软件、Proteus 软件。

◇ 任务实施

1. 任务分析

通过单片机获取 S1 和 S2 的开关状态，并根据开关的闭合情况来控制 LED 的亮灭。任务电路 Proteus 原理图如图 3 - 5 所示，由图可知，当开关 S1 或 S2 被按下时，对应的单片机 P3.5 和 P3.4 引脚会被拉低成低电平。通过引脚状态来判断按键是否被按下，从而控制单片机 P1.0 引脚输出电平的高低状态，进一步控制 D1 的亮灭。其中引脚状态的判断可用 if 语句来实现。

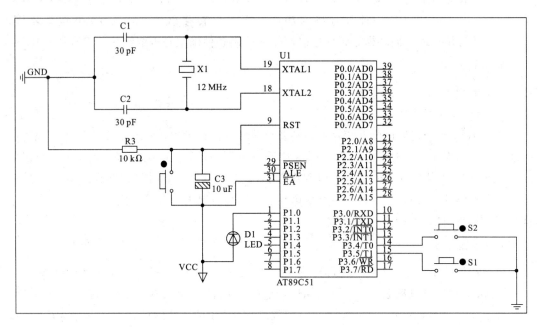

图 3 - 5 if 语句控制 LED 亮灭闪烁

2. 软件仿真

（1）打开 Keil 软件，在软件中输入任务程序，并对程序进行编译，直至没有错误，并生成相应的 hex 文件。

（2）打开 Proteus 软件，绘制如图 3 - 5 所示的电路原理图，导入编译后生成的 hex 文件，运行程序，观察仿真效果，如图 3 - 6 所示。

参考程序如下：

```
#include <reg51.h>
sbit   LED=P1^0          //位定义 P1^0 口为 LED
sbit   S1=P3^5           //位定义 P3^5 口为 S1
sbit   S2=P3^4           //位定义 P3^4 口为 S2
void main(void)          //单片机复位后的执行入口，void 表示空，无输入参数，无返回值
```

```
    {
        S1=1;                    //作为输入，首先输出高，按下 S1，P3.5 接地为 0，否则输入为 1
        S2=1;                    //作为输入，首先输出高，按下 S2，P3.4 接地为 0，否则输入为 1
        while(1)                 //循环执行括号内所有语句
        {
            if(S1==0)   LED=0;   //是 S1 按下，所以 P1.0 输出低，LED 亮
            if(S2==0)   LED=1;   //是 S2 按下，所以 P1.0 输出高，LED 灭
        }                        //松开键后，都不给 LED 赋值，所以 LED 保持最后按键状态
    }
```

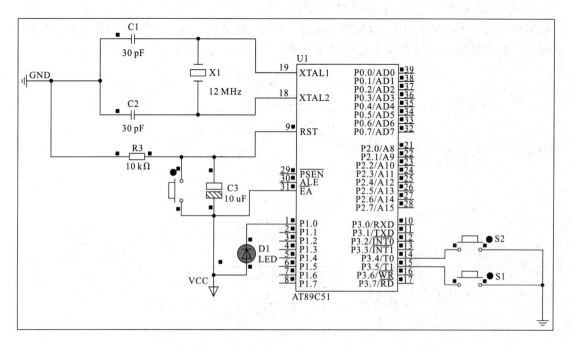

图 3-6　if 语句控制 LED 亮灭闪烁仿真效果图

◇ 任务结论

通过任务实施结果可以看出，用 if 语句可以对单片机引脚状态的不同情况加以区分和判断，从而实现对单片机的有效控制。

任务 3-4　用 for 语句控制 LED 的循环亮灭状态

◇ 任务目的

用单片机的 P1 口控制 8 个发光二极管来模拟 8 个信号灯。按照规律依次点亮每一个发光二极管并延时一段时间，以实现流水灯的效果。编程时使用 for 语句来实现程序的循环部分控制代码。

◇ **任务准备**

设备及软件：万用表、计算机、Keil μVision4 软件、Proteus 软件。

◇ **任务实施**

1. 任务分析

任务要求单片机控制 P1 口所接的 8 个 LED，实现流水亮灭效果。可以通过单独位控制方式实现 LED 的亮灭，但由于要控制 8 个灯的亮灭状态，所以编程会比较繁琐，程序不够优化。当需要对某个 I/O 口的 8 位一起操作时，一般采用整体操作的方式。在软件设计时可以定义一个变量来给 P1 口赋值，赋的值不同，点亮的 LED 不同。控制好赋值的间隔时间，即可实现 8 个 LED 发光二极管的流水效果。程序流程图如图 3-7 所示。

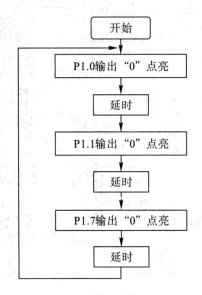

图 3-7　8 个 LED 循环亮灭控制程序流程图

2. 软件仿真

（1）打开 Keil 软件，在软件中输入任务程序，并对程序进行编译，直至没有错误，并生成相应的 hex 文件。

（2）打开 Proteus 软件，绘制如图 3-8 所示电路原理图，导入编译后生成的 hex 文件，运行程序，观察仿真效果，如图 3-9 所示。

参考程序如下：

```
#include <reg51.h>              //包含头文件 REG51.H
void delay(unsigned char i);    //延时函数声明
unsigned int a;                 //定义变量 a 为 unsigned int 类型
void main()                     //主函数
{
    unsigned char i;
    while(1)
```

```
    {
      a =0xfe;
      for(i = 0；i＜8；i++)
    {
      P1＝a；                         //给 P0 口赋值，第一个灯亮，a 为 1111 1110
      a＝～a；                        //取反，a 为 0000 0001
      a＝a＜＜1；                      //移位，a 为 0000 0010
      a＝～a；                        //求反，a 为 1111 1101
      delay(200)；                    //延时
    }
  }
}
void   delay(unsigned char i)       //延时函数，无符号字符型变量 i 为形式参数
{
    unsigned char j，k；             //定义无符号字符型变量 j 和 k
    for(k = 0；k＜i；k++)            //双重 for 循环语句实现软件延时
      for(j = 0；j＜255；j++)；
}
```

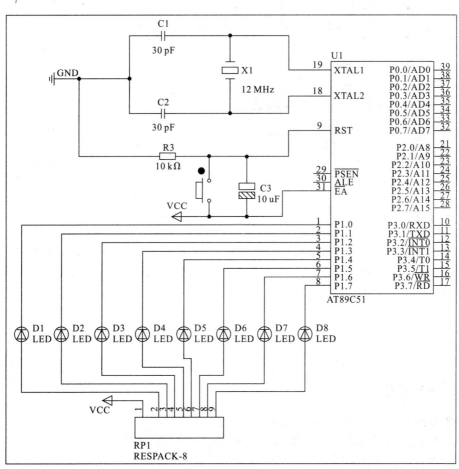

图 3 - 8　for 语句控制 LED 循环亮灭图

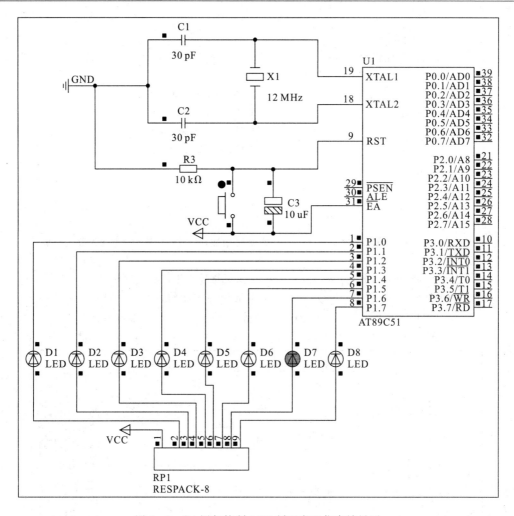

图 3 - 9 for 语句控制 LED 循环亮灭仿真效果图

◇ 任务结论

通过仿真运行图和开发板运行可以看到 8 个 LED 循环亮灭，说明 for 语句可以实现控制 LED 循环亮灭的功能。使用 for 语句按照一定的时间间隔循环给 P1 口送相应显示数据，实现 8 灯流水功能，程序更加简洁明了。

3.5 C 语言的数组

3.5.1 一维数组

一维数组只有一个下标，定义的形式如下：

  数据类型说明符 数组名[常量表达式][=｛初值，初值...｝]

各部分说明如下：

(1) 数据类型说明符说明了数组中各个元素存储的数据的类型。

（2）数组名是整个数组的标识符，它的取名方法与变量的取名方法相同。

（3）常量表达式的取值须为整型常量，且必须用方括号"[]"括起来，用以说明该数组的长度，即该数组元素的个数。

（4）初值用于给数组元素赋初值，这部分在数组定义时属于可选项。对数组元素赋值，可以在定义时赋值，也可以在定义之后赋值。在定义时赋值，后面须带等号；初值须用花括号括起来，括号内的初值两两之间用逗号相隔；可以对数组的全部元素赋值，也可以只对部分元素赋值。初值为 0 的元素可以只用逗号占位而不写初值 0。

下面是定义数组的两个例子：

```
unsigned  char  x[5];
unsigned  int   y[3]={1, 2, 3};
```

第一句定义了一个无符号字符数组，数组名为 x，数组中的元素个数为 5。

第二句定义了一个无符号整型数组，数组名为 y，数组中元素个数为 3，定义的同时给数组中的三个元素赋初值，所赋初值分别为 1、2、3。

需要注意的是，C51 语言中数组的下标是从 0 开始的，因此上面第一句定义的 5 个元素分别为 x[0]、x[1]、x[2]、x[3]、x[4]；第二句定义的 3 个元素分别为 y[0]、y[1]、y[2]，赋值情况为 y[0]=1、y[1]=2、y[2]=3。

C51 规定在引用数组时，只能逐个引用数组中的各个元素，而不能一次引用整个数组。但如果是字符数组则可以一次引用整个数组。

常量表达式中可以包括常量和符号常量，不能包含变量。也就是说，C51 不允许对数组的大小做动态定义，即数组的大小不依赖于程序运行过程中变量的值。

例如，下面这样定义数组是不行的：

```
int n;
scanf("%d", &n);
int a[n];
```

对数组元素的初始化可以用以下方法实现：

（1）在定义数组时对数组元素赋以初值。例如：

```
int a[10]={0, 1, 2, 3, 4, 5, 6, 7, 8, 9};
```

（2）只给一部分元素赋值。例如：

```
int a[10]={0, 1, 2, 3, 4};
```

该语句定义 a 数组有 10 个元素，但花括弧内只提供 5 个初值，这表示只给前面 5 个元素赋初值，后 5 个元素值为 0。

（3）如果想使一个数组中全部元素值为 0，可以写成

```
int a[10]={0, 0, 0, 0, 0, 0, 0, 0, 0, 0};
```

不能写成

```
int a[10]={0 * 10};
```

（4）在对全部数组元素赋初值时，可以不指定数组长度。例如：

```
int a[5]={1, 2, 3, 4, 5};
```

可以写成

```
int a[]={1, 2, 3, 4, 5};
```

3.5.2　二维数组

二维数组的定义：

　　　类型说明符　数组名［整型表达式 1］［整型表达式 2］；

二维数组的元素个数＝行数×列数，例如：

　　　int a［3］［2］；

语句定义了一个 3 行 2 列共 6 个数组元素的数组。

二维数组的引用格式如下：

　　　数组名［下标 1］［下标 2］

注：内存是一维的，数组元素在存储器中的存放顺序按行序优先，即"先行后列"。

二维数组初始化也是在类型说明时给各下标变量赋以初值。二维数组可按行分段赋值，也可按行连续赋值。例如，对数组 a［5］［3］，如果按行分段赋值可写为

　　　int a［5］［3］＝{ {80，75，92}，{61，65，71}，{59，63，70}，{85，87，90}，{76，77，85} }；

如果按行连续赋值可写为

　　　int a［5］［3］＝{ 80，75，92，61，65，71，59，63，70，85，87，90，76，77，85 }；

3.5.3　字符数组

用来存放字符数据的数组称为字符数组，它是 C 语言中常用的一种数组。字符数组中的每一个元素都用来存放一个字符，也可用字符数组来存放字符串。字符数组的定义与一般数组相同，只是在定义时把数据类型定义为 char 型。例如：

　　　char　string1［10］；

　　　char　string2［20］；

这两个语句定义了两个字符数组，分别定义了 10 个元素和 20 个元素。

在 C51 中，字符数组用于存放一组字符或字符串，字符串以"\0"作为结束符，只存放一般字符的字符数组的赋值与使用和一般的数组完全相同。对于存放字符串的字符数组，既可以对字符数组的元素逐个进行访问，也可以对整个数组按字符串的方式进行处理。

任务 3－5　用字符型数组实现 LED 循环亮灭

◇ 任务目的

采用单片机控制 LED 的循环亮灭状态，实现流水效果。把 P1 口 8 位 LED 的控制码赋给一个数组，再依次引用数组元素，并送 P1 口显示，通过 LED 观察 LED 流水效果。

◇ 任务准备

设备及软件：万用表、计算机、Keil μVision4 软件、Proteus 软件。

◇ 任务实施

1. 任务分析

定义一个一维数组用来存放 8 个 LED 的显示数据，依次为 0xfe、0xfd、0xfb、0xf7、0xef、0xdf、0xbf、0x7f。通过循环将这 8 个数组元素按照一定时间间隔分别送至单片机 P1 口，即可实现 D1 至 D7 循环点亮，实现流水效果。

2. 软件仿真

（1）打开 Keil 软件，在软件中输入任务程序，并对程序进行编译，直至没有错误，并生成相应的 hex 文件。

（2）打开 Proteus 软件，绘制如图 3 - 10 所示的电路原理图，导入编译后生成的 hex 文件，运行程序，观察仿真效果，如图 3 - 11 所示。

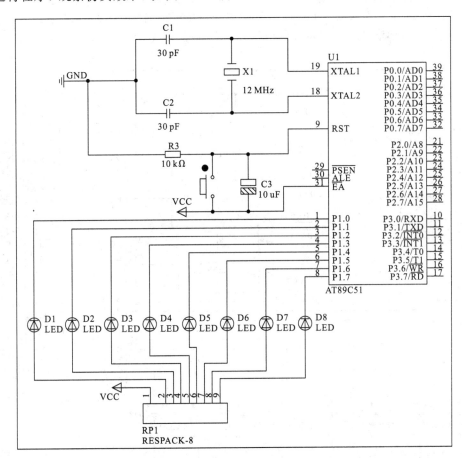

图 3 - 10　字符型数组控制 LED 循环亮灭电路原理图

参考程序如下：

```
#include <reg51.h>                //包含头文件 REG51.H
void delay(unsigned char i);      //延时函数声明
unsigned int a;                   //定义变量 a 为 unsigned int 类型
void main()                       //主函数
{
```
//包含头文件 REG51.H
//延时函数声明
//定义变量 a 为 unsigned int 类型
//主函数

```
unsigned char i;
unsigned char display[] = {0xfe, 0xfd, 0xfb, 0xf7, 0xef, 0xdf, 0xbf, 0x7f};
while(1)
  {
    for(i = 0; i < 8; i++)
    {
      P1 = display[i];          //显示字送 P1 口
      delay(200);               //延时
    }
  }
}
void  delay(unsigned char i)    //延时函数，无符号字符型变量 i 为形式参数
{  unsigned char j, k;          //定义无符号字符型变量 j 和 k
   for(k = 0; k < i; k++)       //双重 for 循环语句实现软件延时
     for(j = 0; j < 255; j++);
}
```

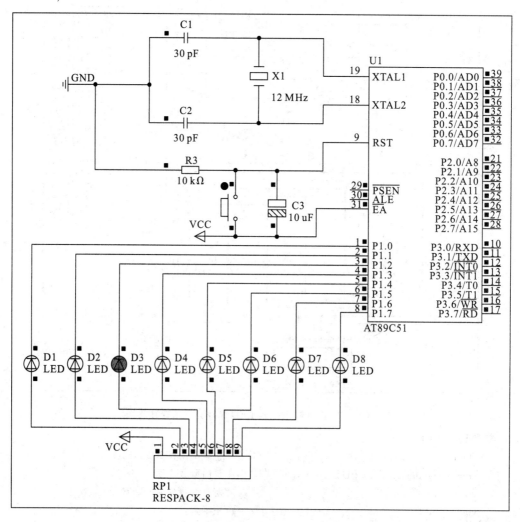

图 3-11　字符型数组控制 LED 循环亮灭仿真效果图

◇ **任务结论**

该程序将一维数组和 for 语句搭配,按照一定的时间间隔循环给 P1 口送相应显示数据,实现 8 灯流水效果功能,无需对送显数据做进一步处理,程序思路更加清晰,实现起来也较为方便。

3.6　C 语言的函数

C 语言程序由函数组成,每个函数可完成相对独立的任务,依照一定的规则调用这些函数,就组成了解决某个特定问题的程序。C 语言程序的结构符合模块化程序设计思想,把大任务分解成若干功能模块后,可用一个或多个 C 语言的函数来实现这些功能模块,通过函数的调用来实现大任务的全部功能。任务、模块和函数的关系是:大任务分成功能模块,功能模块则由一个或多个函数实现。因此,C 语言的模块化程序设计是靠设计函数和调用函数实现的。

3.6.1　函数的定义

函数定义的一般格式如下:
　　　　函数类型　函数名(形式参数表)[interrupt　n][using　n]
　　　　形式参数说明
　　　　{
　　　　　　局部变量定义
　　　　　　函数体(有返回值的要有 return 语句)
　　　　}

1)函数类型
函数类型说明了函数返回值的类型。

2)函数名
函数名是用户为自定义函数取的名字,以便调用函数时使用。

3)形式参数表
形式参数表用于列录在主调函数与被调用函数之间进行数据传递的形式参数。

4)interrupt　n 修饰符
interrupt n 是 C51 函数中非常重要的一个修饰符,这是因为中断函数必须通过它进行修饰。在 C51 程序设计中,若在函数定义时用了 interrupt n 修饰符,系统编译时就把对应函数转化为中断函数,自动加上程序头段和尾段,并按 MCS-51 系统中断的处理方式自动把它安排在程序存储器中的相应位置。

该修饰符中 n 的取值为 0~31,对应的中断情况如下:
0——外部中断 0;
1——定时/计数器 T0;
2——外部中断 1;
3——定时/计数器 T1;
4——串行口中断;

5——定时/计数器 T2；

其他值预留。

5）函数返回值

返回语句 return 用来回送一个数值给定义的函数，从函数中退出。

返回值是通过 return 语句返回的。

返回值的类型如果与函数定义的类型不一致，那么返回值将被自动转换成函数定义的类型。

如果函数无需返回值，可以用 void 类型说明符指明函数无返回值。

6）using　n 修饰符

修饰符 using　n 用于指定本函数内部使用的工作寄存器组，其中 n 的取值为 0～3，表示寄存器组号。

使用 using　n 修饰符时应注意以下几点：

（1）加入 using　n 后，C51 在编译时自动在函数的开始和结束处加入以下指令：

```
{
        PUSH   PSW  ；标志寄存器入栈
        MOV   PSW  ，#（与寄存器组号相关的常量）
                ⋮
        POP   PSW   ；标志寄存器出栈
}
```

（2）using　n 修饰符不能用于有返回值的函数，因为 C51 函数的返回值是放在寄存器中的。如寄存器组改变了，返回值就会出错。

3.6.2　函数的调用与声明

与使用变量一样，在调用一个函数之前，必须对该函数进行声明。函数声明的一般格式为

［extern］函数类型　函数名（形式参数列表）

函数定义时参数列表中的参数称为形式参数，简称形参。函数调用时所使用的替换参数是实际参数，简称实参。定义的形参与函数调用的实参类型应该一致，书写顺序应该相同。

如果声明的函数在文件内部，则声明时不用 extern；如果声明的函数不在文件内部，而在另一个文件中，则声明时须带 extern，指明使用的函数在另一个文件中。

函数调用的一般形式如下：

函数名（实参列表）；

被调用的函数必须是已经存在的函数。按照函数调用在主调函数中出现的位置，函数调用方式有以下三种：

（1）函数作为语句。把函数调用作为一个语句，不使用函数返回值，只是完成函数所定义的操作。例如：

refresh_led（ ）；

（2）函数作为表达式。函数调用出现在一个表达式中，使用函数的返回值。例如：

```
int k;
k=sum(a, b);
```

（3）函数作为一个参数。函数调用作为另一个函数的实参。例如：

```
int k;
k=sum(sum(a, b), c);
```

任务 3 - 6　用函数实现 LED 流水速度控制

◇ 任务目的

设计一个函数，采用单片机控制 LED 的流水速度，实现 8 个 LED 发光二极管以两种不同的速度亮灭的流水灯效果，通过 LED 观察速度切换效果。

◇ 任务准备

设备及软件：万用表、计算机、Keil μVision4 软件、Proteus 软件。

◇ 任务实施

1. 任务分析

单片机 P1 口外接 8 个 LED，电路原理图如图 3 - 12 所示。其流水灯效果的流水速度由调用的软件延时时间来控制。通过实参传递形成两个不同延时长短的延时函数，在实现流水效果时相邻轮次调用不同的延时函数，从而控制 P1 口所接的 8 个 LED 以两种不同频率切换，通过 LED 观察流水频率切换效果。

2. 软件仿真

（1）打开 Keil 软件，在软件中输入任务程序，并对程序进行编译，直至没有错误，并生成相应的 hex 文件。

（2）打开 Proteus 软件，绘制如图 3 - 12 所示电路原理图，导入编译后生成的 hex 文件，运行程序，观察仿真效果，如图 3 - 13 所示。

参考程序如下：

```
#include<reg51.h>
void delay(unsigned int a)
{
  unsigned int p ;
  unsigned char k;
  for(p=0;p<a;p++)
  for(k=0;k<200;k++);
}
void main(void)
{
  unsigned char i;
  unsigned char codeShow[]={0xfe, 0xfd, 0xfb, 0xf7, 0xef, 0xdf, 0xbf, 0x7f};
```

```
while(1)
{
    for(i=0;i<8;i++)
    {
        P1=Show[i];
        delay(1000);  //流水灯控制码
    }
    for(i=0;i<8;i++)
    {
        P1=Show[i];
        delay(255);
    }
}
}
```

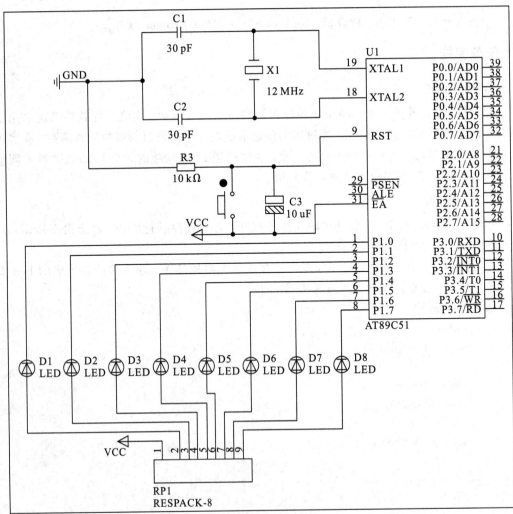

图 3-12   函数实现 LED 流水速度控制的电路原理图

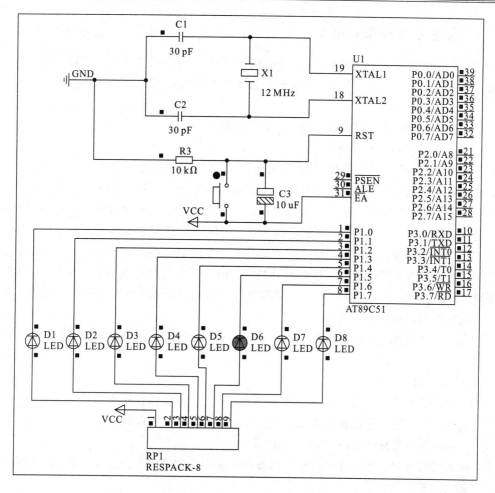

图 3-13　函数实现 LED 流水速度控制的仿真效果图

◇ **任务结论**

单片机通过调用延时函数实现延时效果，给延时函数传递实参来控制延时的时间长短，从而控制 P1 口所接的 8 个 LED 以两个频率闪烁速度切换流水灯效果。

3.7　C 语言的编译预处理

编译预处理器是 C 语言编译器的一个重要组成部分，在 C 语言中，预处理命令一般写在程序的最开头，适当地使用预处理命令能很大程度上增强 C 程序的灵活性和方便性。预处理命令可以在编写程序时加在需要的地方，但它只在程序编译时起作用，且通常是按行进行处理的，因此又称为编译控制行。C 语言的预处理命令类似于汇编语言中的伪指令，编译器在对整个程序进行编译之前，先对程序中的编译控制行进行预处理，再将预处理的结果与整个 C 语言源程序一起进行编译，以产生目标代码。C51 编译器的预处理器支持所有满足 ANSI 标准 X3J11 细则的预处理命令。常用的预处理命令有：宏定义、文件包含和条件编译。为了与一般 C 语言语句相区别，预处理命令由符号"♯"开头。

3.7.1 宏定义"♯define"指令

宏定义的作用是用一个字符串替换另一个字符串，可以简化程序，并且一目了然。宏定义的简单形式是符号常量定义，复杂形式是带参数的宏定义。

1) 不带参数的宏定义

不带参数的宏定义又称符号常量定义，一般格式为

♯define 标识符 常量表达式

其中，"标识符"是定义的宏符号名（也称宏名），其作用是在程序中以指定的标识符来代替其后的常量表达式。利用宏定义可以在 C 语言源程序中用一个简单的符号名来代替一个很长的字符串，还可以使用一些有一定意义的标识符，提高程序的可读性。实际应用中，常将宏符号名用大写字母表示，以区别于变量名。宏定义不是 C 语言的语句，因此在宏定义行的末尾不能加分号，否则在编译时将连同分号一起进行替换，导致出现语法错误。在进行宏定义时，可以引用已经定义过的宏符号名，即可以进行层层代换，但最多不能超过 8 级嵌套。需要注意的是，预处理命令对于程序中用双引号括起来的字符串内的字符，即使该字符与宏符号名相同也不做替换。

宏定义的作用范围是整个文件，如果需在某个位置终止宏定义命令，则需使用"♯undef 标识符 常量表达式"命令。

2) 带参数的宏定义

带参数的宏定义与符号常量定义的不同之处在于，对于源程序中出现的宏符号名不仅进行字符串替换，还要进行参数替换。带参数宏定义的一般格式为

♯define 宏符号名（参数表） 表达式

其中，表达式内包含了在括号中所指定的参数，这些参数称为形式参数，在以后的程序中它们将被实际参数所替换。

宏定义命令"♯define"要求在一行内写完，若一行之内写不下时需用"\"表示下一行继续，例如：

```
♯define PR(a, b) printf("%d\t%d\n", \
    (a)>(b)? (a)：(b), (a)<(b)? (b)：(a))
```

利用带参数的宏定义可以省去在程序中重复书写相同的程序段，实现程序的简化。

3.7.2 文件包含"♯include"指令

"♯include"指令的作用是指示编译器将该指令所指向的另一个源文件加入到自身文件中。文件包含的形式为："♯include ＜文件名＞"或"♯include"文件名""。

任务 3-7　用宏定义方式实现 LED 显示

◇ 任务目的

单片机利用宏定义的方式编程来控制 P1 口外接的 8 位 LED，通过 LED 观察不同的显示效果。

◇ **任务准备**

设备及软件：万用表、计算机、Keil μVision4 软件、Proteus 软件。

◇ **任务实施**

1. 任务分析

单片机控制 LED 显示，利用宏定义方式向 P1 口输出不同的显示数据来控制 P1 口所接的 8 个 LED 的亮灭状态，并通过 LED 观察。

2. 软件仿真

（1）打开 Keil 软件，在软件中输入任务程序，并对程序进行编译，直至没有错误，并生成相应的 hex 文件。

（2）打开 Proteus 软件，绘制如图 3-14 所示的电路原理图，导入编译后生成的 hex 文件，运行程序，观察仿真效果，如图 3-15 所示。

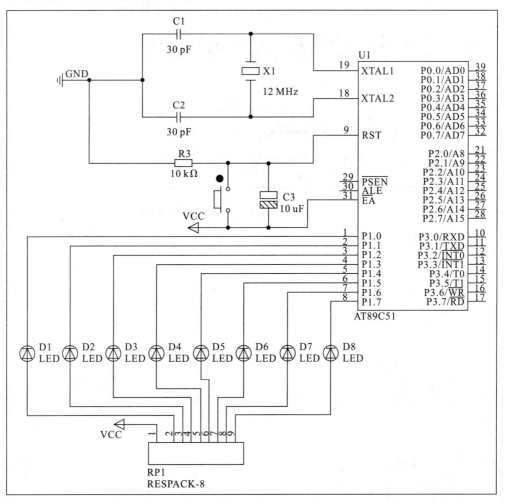

图 3-14　宏定义方式实现 LED 显示的电路原理图

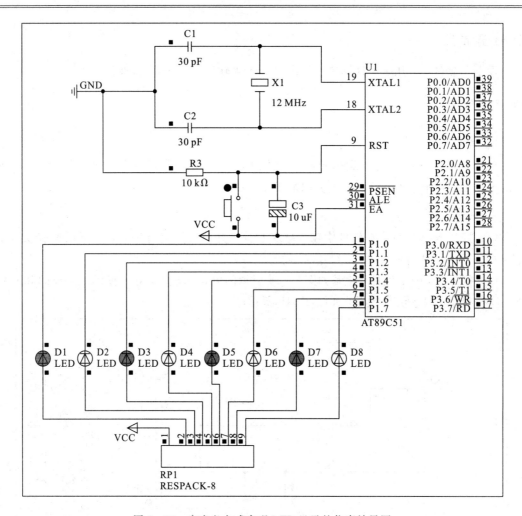

图 3-15 宏定义方式实现 LED 显示的仿真效果图

参考程序如下:

```
# include <reg51. h>
  # define SHOW1 0xaa
# define SHOW2(i, j)  (i)+(j)
  void delay(void);
  void main(void)
{
  unsigned  char  a, b;
     a=0x70;
     b=0x80;
     while(1)
{
  P1= SHOW1;
  delay();
  delay();
  P1= SHOW2(a, b);
```

```
        delay();
        delay();


    }
}
            void delay(void)
{
    unsigned   int   p，k；
  for(p=0;p< 250;p++)
    for(k=0;k< 300;k++);
}
```

◇ 任务结论

单片机输出的显示控制码用来控制 LED 的闪烁，利用宏定义方式来控制 P1 口的 8 个 LED。利用宏定义可使程序大大简化，易于修改。

本 章 小 结

单片机 C 语言既有汇编语言的操作底层硬件的能力，又具有高级语言的许多优点，因此，在现代的单片机程序设计中广泛采用单片机 C 语言。本章主要介绍了单片机 C 语言程序设计的基础知识，包括标识符、关键字、数据类型、表达式、运算符、语句和函数等。这些知识点对于后续的学习非常重要，是深入学习单片机的基础。

习　题

一、填空题

1. 单片机的编程语言主要有_____和_____。
2. 一个函数由两部分组成：_____和_____。
3. C51 语言中，标识符可以由_____、_____或者下划线"_"组成。
4. C51 语言的数据类型包括_____、_____、_____以及空类型等。
5. int 整型长度为_____个字节，unsigned int 表示的数值范围是_____。
6. 变量 x 为任意整数，能将 x 清零的表达式是_____。
7. ++i，--i 的运算符在前，应该先_____后_____。
8. a=0111 0101B，b=1011 1010B，则 a & b=_____，a | b=_____。
9. 程序的三种基本控制结构为_____、_____、_____。

二、选择题

1. C 语言程序中，主函数的个数（　　）。

A. 没有限制　　　　　　　　　　　B. 有且只有一个

C. 可以没有　　　　　　　　　　　D. 以上叙述均不正确

2. 在 C 语言中，合法的用户标识符是( )。

A. 78   B. ′a′   C. char   D. qwer

3. C 语言源程序的第一条语句均以( )结束。

A. 看使用地方   B. 句号   C. 分号   D. 可以没有

4. C 语言中最简单的数据类型包括( )。

A. 整型、实型、逻辑型   B. 整型、实型、字符型

C. 整型、字符型、逻辑型   D. 整型、实型、逻辑型、字符型

5. 以下能正确定义一维数组的选项是( )。

A. int a[5]={0，1，2，3，4，5};   B. char a[ ]={0，1，2，3，4，5};

C. char a={′A′，′B′，′C′};   D. int a[5]=″0123″;

6. 在 C51 的数据类型中，unsigned char 型的数据长度和值域为( )。

A. 单字节，$-128\sim127$ B. 双字节，$-32\ 768\sim+32\ 767$

C. 单字节，$0\sim255$ D. 双字节，$0\sim65\ 535$

7. 设变量已正确定义并赋值，以下正确的表达式是( )。

A. x=y*5=x+z   B. int(15.8%5)   C. x=y+z+5，++y   D. x=25%5.0

8. C 语言提供的合法的数据类型关键字是( )。

A. Double   B. short   C. integer   D. Char

三、判断题

1. 任何表达式语句都是由表达式加分号组成的。   ( )

2. 下划线是标识符中的合法字符。   ( )

3. 判断一个量是否为"真"时，以 0 代表"假"，以非零代表"真"。   ( )

4. 字符常量的长度肯定为 1。   ( )

四、设计题

1. 编写程序实现用单片机控制 8 个 LED 从左到右依次点亮，然后全亮全灭闪动 3 次的功能。

2. 编写程序实现用单片机控制 8 个 LED 中的奇数 LED 从左向右依次点亮后，偶数 LED 也从左向右依次点亮的功能。

第4章　单片机的中断系统

4.1　中断系统的基本概念

"中断"的概念是什么？顾名思义，中断就是将当前某一工作暂停下来，转去处理一些与当前工作过程无关或间接相关或临时发生的事件，处理完后，再继续执行原工作。

我们生活中有很多"中断"的实例。比如某个同学正在图书馆里看书，突然电话响了，那么该同学会在书上做个记号，通常是做个折页标记后再出去接电话，接完电话后回到座位，找到记号处继续往下看书。如有多个中断发生，那么按照中断源的优先级别，中断还具有嵌套特性。比如你在看书时，电话响了，你在书上做个记号后去接电话，你拿起电话和对方通话，这时门铃响了，你让打电话的对方稍等一下，先去开门，并在门旁与来访者交谈，谈话结束，关好门，回到电话机旁，拿起电话，继续通话，通话完毕，挂上电话，从做记号的地方继续往下看书。这里，敲门的中断源就比电话的中断源优先级高，因此，出现了中断嵌套，即高优先级的中断源可以打断低优先级的中断服务程序，优先执行高级中断源的中断处理，直至该处理程序完毕，再返回接着执行低级中断源的中断服务程序，直至这个处理程序完毕，最后返回主程序。

还可以举一个例子来说明"中断"的工作过程。假设你在等一个电话，如果电话铃音不正常(不响铃)，那么你只能等着电话而不能干别的事情；而如果电话铃音正常，你就可以干别的事情，比如看书，等到铃声一响，就代表电话来了，那么你就能放下手头的事情去处理"接电话"事务。再比如打印文稿的操作，因为 CPU 传送数据的速度高，而打印机速度较慢，如果不采用中断技术，CPU 将经常处于等待状态，这会大大降低计算机的工作效率。采用中断方式后，CPU 就可以在打印的同时进行其他的工作，而只在打印机缓冲区内的当前内容打印完毕、发出中断请求之后才予以响应，即暂时中断当前的工作转去执行停止打印的操作，之后再返回原来的程序，这样就大大地提高了计算机的工作效率。

类似的情况在单片机中也同样存在，通常单片机中只有一个 CPU，但却要应付诸如运行程序、数据输入/输出以及特殊情况处理等多项任务，为此也只能采用暂停一个工作去处理另一个工作的中断方法。

在单片机中，"中断"是一个很重要的概念。中断技术的进步使单片机的发展和应用大大地推进了一步。所以，中断功能的强弱已成为衡量单片机功能完善与否的重要指标。

单片机采用中断技术后，大大提高了它的工作效率和处理问题的灵活性，主要表现在以下几个方面：

(1) 提高了 CPU 的工作效率，实现了 CPU 和外部设备的并行工作。计算机有了中断功能后，就解决了快速 CPU 与低速外设之间的矛盾，可以使 CPU 和外设同时工作。CPU 启动外设以后，继续执行主程序，同时外设也在工作。当外设把数据准备好后，就发出中断请求，请求 CPU 中断正在执行的程序，转去执行中断服务程序（如输入/输出处理），中断服务程序执行完之后，CPU 恢复执行主程序，外设也继续工作。这样，CPU 可以指挥多个外设同时工作，从而大大提高了 CPU 的效率。

（2）实现了实时控制。所谓实时控制，就是要求计算机能及时地响应被控对象提出的分析、计算和控制等请求，使被控对象保持在最佳工作状态，以达到预定的控制效果。由于这些控制参数的请求都是随机发出的，而且要求单片机必须做出快速响应并及时处理，对此，只有靠中断技术才能实现。

（3）便于突发故障（如硬件故障、运算错误、电源掉电、程序故障等）的及时发现，提高系统可靠性。若在运行过程中出现了事先预料不到的情况或故障时，如电源掉电、存储出错、运算溢出、传输错误等，可以利用中断系统自行处理，而不必停机。

（4）能使用户通过键盘发出请求，随时可以对运行中的计算机进行干预。

中断处理程序类似于程序设计中的调用子程序，但它们又有区别：中断的产生是随机的，它既保护断点，又保护现场，主要为外设服务和为处理各种事件服务。保护断点是由硬件自动完成的，保护现场须在中断处理程序中用相应的指令完成。调用子程序是程序中事先安排好的，它只保护断点，主要为主程序服务（与外设无关）。

1. 中断的概念

当计算机执行正常程序时，系统中出现了某些急需处理的异常情况和特殊请求，这时 CPU 暂时中止现在正在执行的程序，转去对随机发生的紧迫事件进行处理（执行中断服务程序），待该事件处理完毕，CPU 自动地回到原来被中断的程序继续执行，这个过程称为"中断"。

"中断"之后所执行的处理程序通常称为中断服务程序或中断处理子程序；原来执行的程序称为主程序；主程序被中断的位置（地址）称为断点；引起中断的原因，或能够发出中断申请的来源称为中断源。中断源要求服务的请求称为中断请求。"中断请求"通常是一种电信号，CPU 一旦对这个信号进行检测和响应便可自动转入该中断源的中断服务程序执行，并在执行完后自动返回原程序处继续执行。中断源不同，中断服务程序的功能也不同。中断又可看做 CPU 自动执行中断服务程序并返回原程序处执行的过程。中断过程如图 4-1 所示。

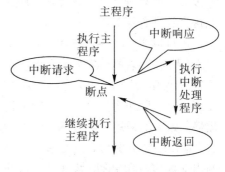

图 4-1　中断过程示意图

2. 中断的处理过程

CPU 响应中断源的中断请求后，就转去进行中断处理。不同的中断源，其中断处理内容可能不同，但中断处理流程都相似，具体如图 4-2 所示。

从图 4-2 可以看到中断处理的过程，下面做几点补充说明：

（1）保护现场与恢复现场。为了使中断服务程序的执行不破坏 CPU 中寄存器或存储单元的原有内容，以免在中断返回后影响主程序的运行，需要把 CPU 中有关寄存器或存储单元的内容推入堆栈中保护起来，这就是保护现场。而在中断服务程序结束时和返回主程序之前，则需要把保护起来的那些现场内容从堆栈中弹出，以便恢复寄存器或存储单元原有的内容，这就是恢复现场。注意：一定要按先进后出的原则进行推入和弹出堆栈。

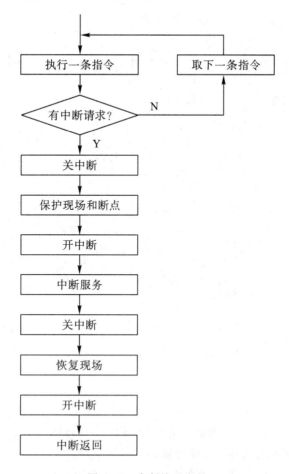

图 4 - 2　中断处理流程

　　(2) 开中断与关中断。在中断处理正在进行的过程中，可能又有新的中断请求到来，一般说来，为防止这种高于当前优先级的中断请求打断当前的中断服务程序的执行，CPU 响应中断后应关中断（很多 CPU 是自动关中断的，但 8051 单片机不是自动的，需要用软件指令关闭），而编写保护现场和恢复现场的程序也应在关闭中断后进行，以免使保护现场和恢复现场的工作被干扰，这样，就可屏蔽其他中断请求了。如果想响应更高级的中断源的中断请求，那么应在现场保护之后，将 CPU 处于开中断的状态，这样就使系统具有了中断嵌套的功能。

　　(3) 中断服务。中断服务是中断处理程序的主要内容，将根据中断功能去编写，以满足用户的需要。复杂的中断服务程序也可以采用子程序形式。

　　(4) 中断返回。中断返回是把当前运行的中断服务程序转回到被中断请求中断的主程序上来。

4.2　中断系统的结构及控制

4.2.1　中断系统的结构

　　MCS - 51 系列单片机的中断系统结构如图 4 - 3 所示，它由中断源、中断源寄存器、中断允许寄存器、中断优先级控制寄存器等组成。

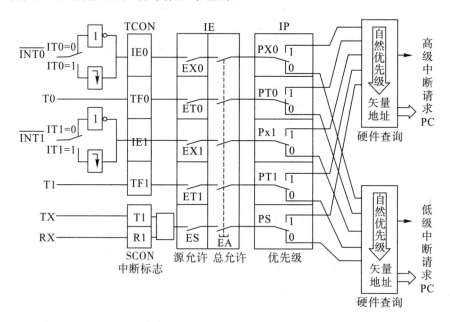

图 4-3　MCS-51 系列单片机的中断系统结构

1. 中断源

中断源是系统中允许请求中断的事件。当中断源希望 CPU 对它服务时，就产生一个中断请求信号，并加载到 CPU 中断请求输入端，通知 CPU，这就形成了对 CPU 的中断请求。

在 MCS-51 系列单片机中，中断源通常有以下几种：

（1）外部设备中断源。外部设备主要用于输入和输出数据，所以它是最原始和最广泛的中断源。在作为中断源时，通常要求它在输入或输出一个数据时能自动产生一个"中断请求"信号（如 TTL 高电平或 TTL 低电平），送到 CPU 的中断请求输入线 $\overline{\text{INT0}}$ 或 $\overline{\text{INT1}}$，以供 CPU 检测和响应。输入/输出设备，如键盘、打印机等都可以用做中断源。

（2）被控对象中断源。在计算机用做实时控制时，被控对象常常被用做中断源，用于产生中断请求信号。例如，电压、电流、温度、压力、流量和流速等超越上限和下限，以及开关和继电器的闭合或断开等都可以作为中断源来产生中断请求信号，要求 CPU 通过执行中断服务程序来加以处理。因此，被控对象常常用做实时控制计算机的巨大中断源。

（3）故障中断源。故障源是产生故障信息的来源，把它作为中断源可以使 CPU 以中断的方式对已发生的故障进行及时处理。计算机故障中断源有内部和外部之分：CPU 内部故障中断源引起内部中断，如除法中除数为零中断等；CPU 外部故障中断源引起外部中断，如掉电中断等。在掉电时，当电压降低到一定值时，就发出中断申请，由中断系统响应中断，执行中断服务程序，保护现场和启用备用电源，以保存存储器中的信息。待电压恢复后，继续执行掉电前的用户程序。

和上述 CPU 故障中断源相似，被控对象的故障源也可用做故障中断源，以便对被控对象进行应急处理，从而减少系统在发生故障时的损失。

（4）定时/计数脉冲中断源。定时/计数脉冲中断源也有内部和外部之分。内部定时/计数脉冲中断源是由单片机内部的定时器/计数器溢出(全"1"变全"0")时自动产生的;外部定时/计数脉冲中断源是由外部定时脉冲通过 CPU 的中断请求输入线或者定时器/计数器的输入线引起的。

在 51 单片机中,单片机的类型不同,其中断源的个数和中断标志位的定义也有差别。以 AT89C51 单片机为例,有 4 类 5 个中断源,即 2 个外部中断源、1 个定时器中断源和 1 个串行口中断源。

1) 外部中断源

AT89C51 有 2 个外部中断源,即外部中断 0 和外部中断 1,它们的中断请求信号分别由引脚$\overline{\text{INT0}}$(P4.2)和$\overline{\text{INT1}}$(P4.4)引入。

外部中断请求方式有电平触发方式和边沿触发方式两种。可以通过有关寄存器控制位的定义进行设定。电平触发方式是低电平有效。在这种方式下,只要单片机在中断请求输入端($\overline{\text{INT0}}$和$\overline{\text{INT1}}$)上采样到有效的低电平,就激活外部中断。边沿触发方式是脉冲的负跳变有效。在此方式下,CPU 在两个相邻机器周期对中断请求引入端进行采样,如果前一次检测为高电平,后一次检测为低电平,即为有效的中断请求。

2) 定时器中断源

定时器中断是一种内部中断,是为满足定时或计数的需要而设置的。8051 内部有两个 16 位的定时器/计数器(T0 和 T1),可以实现定时和计数功能。这两个定时器/计数器在内部定时脉冲或从引脚输入的计数脉冲作用下发生溢出(从全"1"变为全"0")时,即向 CPU 提出溢出中断请求,以表明定时时间到或计数值已满。定时器溢出中断常用于需要定时控制的场合。

3) 串行口中断源

串行口中断也是一种内部中断,它是为数据的串行传送需要而设置的。串行口中断分为串行口发送中断和串行口接收中断两种。每当串行口发送或接收完一组数据时,就会自动向 CPU 发出串行口中断请求。

中断源和中断触发方式如表 4 - 1 所示。

表 4 - 1 中断源和中断触发方式

中断源名称	分 类	触 发 方 式
$\overline{\text{INT0}}$外部中断 0	外部中断	$\overline{\text{INT0}}$(P3.2)引脚上的低电平/下降沿引起的中断
T0 中断	内部中断	T0 溢出后引起的中断
$\overline{\text{INT1}}$外部中断 1	外部中断	$\overline{\text{INT1}}$(P3.3)引脚上的低电平/下降沿引起的中断
T1 中断	内部中断	T1 溢出后引起的中断
串口中断	内部中断	串行口接收完成或发送完一帧数据后引起的中断
T2 中断(仅 8052)	外/内部中断	T2 计数满后溢出,置位标志位 TF2;当外部输入 T2EX 发生从 1 到 0 的跳变时置位标志位 EXF2,引起中断

当某中断源的中断请求被 CPU 响应之后,CPU 将把此中断源的入口地址装入程序计数器 PC 中,中断服务程序即从此地址开始执行。此地址称为中断入口地址,亦称为中断矢量。在 8051 单片机中各中断源与中断入口的对应关系见表 4 - 2。

表 4-2　MCS-51 中断向量表

中　断　源	入　口　地　址
外部中断 0	0004H
T0 溢出	000BH
外部中断 1	0014H
T1 溢出	001BH
串行口中断	0024H

2. 中断源寄存器

51 单片机的中断源寄存器有两个，即定时器控制寄存器（TCON）和串行口控制寄存器（SCON），它们可以向 CPU 发出中断请求，通过其中的中断标志位的状态来标记是哪些中断源向 CPU 发出了中断请求。

1）定时器控制寄存器（TCON）

定时器控制寄存器单元地址为 88H，位地址为 88H～8FH，其相应的位符号见表 4-3。

表 4-3　定时器控制寄存器

位地址	8FH	8EH	8DH	8CH	8BH	8AH	89H	88H
位符号	TF1	TR1	TF0	TR0	IE1	IT1	IE0	IT0

该寄存器具有定时器/计数器的控制功能和中断控制功能，其中与中断有关的控制位共有以下 6 位：

（1）TF1：T1 溢出中断标志位。当 T1 产生溢出中断时，该位由硬件自动置位（即 TF1=1）；当 T1 的溢出中断被 CPU 响应之后，该位由硬件自动复位（即 TF1/0）。定时器溢出中断标志位的使用有两种情况：采用中断方式时，该位作为中断请求标志位来使用；采用查询方式时，该位作为查询状态位来使用。

（2）TF0：T0 溢出中断标志位。其功能与 TF1 类似。

（3）IE1：外部中断 1 中断请求标志位。当 CPU 检测到 $\overline{INT1}$ 上中断请求有效时，IE1 由硬件自动置位；在 CPU 响应中断请求后进入相应中断服务程序执行时，该位由硬件自动复位。

（4）IT1：外部中断 1 触发方式标志位。若 IT1=1，则为边沿触发方式（下降沿有效）；若 IT1=0，则为电平触发方式（低电平有效）。该位可由软件置位或复位。

（5）IE0：外部中断 0 中断请求标志位。其功能与 IE1 类似。

（6）IT0：外部中断 0 触发方式标志位。其功能与 IT1 类似。

例 4-1　若 51 单片机中断系统的状态是 T1 有溢出中断标志，T0 无溢出中断标志，外部中断 1 无中断信号，中断信号设置为下降沿有效，外部中断 0 有中断信号，中断信号设置为低电平有效，则定时器控制寄存器 TCON 里相关位 TF1、TF0、IE1、IT1、IE0、IT0 的状态如何？

由于 T1 有溢出中断标志，T0 无溢出中断标志，因此其对应的终端标记位 TF1=1、TF0=0；外部中断 1 无中断信号，且中断信号设置为下降沿有效，则其对应的终端标记位 IE1=0、IT1=1；外部中断 0 有中断信号，且中断信号设置为低电平有效，则其对应的终端标记位 IE0=1、IT1=0。

2）串行口控制寄存器（SCON）

串行口控制寄存器单元地址为 98H，位地址为 98H～9FH，其相应的位符号见表 4－4。

表 4－4　串行口控制寄存器

位地址	9FH	9EH	9DH	9CH	9BH	9AH	99H	98H
位符号	SM0	SM1	SM2	REN	TB8	RB8	TI	RI

SCON 中与中断有关的控制位共有 2 位，各位含义如下：

（1）TI：串行口发送中断标志位。当串行口发送完一帧串行数据后，该位由硬件自动置位，但在 CPU 响应串行口中断后转向中断服务程序执行时，该位是不能由硬件自动复位的，因此用户应在串行口中断服务程序中通过指令来使它复位。

（2）RI：串行口接收中断标志位。当串行口接收完一帧串行数据后，该位由硬件自动置位，同样该位也不能由硬件自动复位，应由用户在中断服务程序中将其复位。

4.2.2　中断系统的控制

51 单片机有一个中断允许控制寄存器（IE）和一个中断优先级控制寄存器（IP）。中断允许控制寄存器（IE）的功能是控制各个中断请求能否通过（即是否允许使用各个中断）；中断优先级控制寄存器（IP）的功能是设置每个中断的优先级。

1. 中断允许控制寄存器（IE）

中断允许控制寄存器单元地址为 A8H，位地址为 A8H～AFH，其相应的位符号见表 4－5。

表 4－5　中断允许控制寄存器

位地址	AFH	AEH	ADH	ACH	ABH	AAH	A9H	A8H
位符号	EA	/	/	ES	ET1	EX1	ET0	EX0

IE 中与中断有关的控制位共有 6 位，各位含义如下：

（1）EA：CPU 中断总允许位。该位状态可由用户通过程序设置：EA＝0，CPU 禁止所有中断源的中断请求，亦称关中断；EA＝1，CPU 开放所有中断源的中断请求，但这些中断请求最终能否被 CPU 响应还取决于 IE 中相应中断源的中断允许位状态。

（2）ES：串行口中断允许位。若 ES＝0，禁止串行口中断；若 ES＝1，允许串行口中断。

（3）ET1：T1 中断允许位。若 ET1＝0，禁止 T1 中断；若 ET1＝1，允许 T1 中断。

（4）EX1：外部中断 1 中断允许位。若 EX1＝0，禁止外部中断 1 中断；若 EX1＝1，允许外部中断 1 中断。

（5）ET0：T0 中断允许位。若 ET0＝0，禁止 T0 中断；若 ET0＝1，允许 T0 中断。

（6）EX0：外部中断 0 中断允许位。若 EX0＝0，禁止外部中断 0 中断；若 EX0＝1，允许外部中断 0 中断。

MCS－51 单片机复位以后，IE 寄存器中各中断允许位均被清"0"，禁止所有中断。

例 4－2　51 单片机编程时欲使用中断系统，允许 INT0、INT1、T0、T1 中断，则应该如何设置中断允许控制寄存器 IE 的值？

按照要求只需将中断允许控制寄存器 IE 里中断总允许位及 INT0、INT1、T0、T1 中断允许位打开，设置为 1 即可。C 语言程序代码可以采用字节整体操作，也可按位操作，都可以实现要求的效果。

按字节操作：

    IE＝0x8f;

按位操作：

    EX0＝1;   //允许外部中断 0 中断
    ET0＝1;   //允许 T0 中断
    EX1＝1;   //允许外部中断 1 中断
    ET1＝1;   //开 T1 中断
    EA ＝ 1;   //开总中断控制位

2. 中断优先级控制寄存器（IP）

MCS－51 单片机的中断优先级控制比较简单，系统只定义了高、低两个优先级。用户可利用软件将每个中断源设置为高优先级中断或低优先级中断，并可实现两级中断嵌套。

高优先级中断源可以中断正在执行的低优先级中断服务程序，除非在执行低优先级中断服务程序时设置了 CPU 关中断或禁止某些高优先级中断源的中断。同级或低优先级中断源不能中断正在执行的中断服务程序。

中断优先级控制寄存器为特殊功能寄存器，单元地址为 B8H，位地址为 B8H～BFH，其相应位符号见表 4－6。

表 4－6　中断优先级控制寄存器

位地址	BFH	BEH	BDH	BCH	BBH	BAH	B9H	B8H
位符号	/	/	/	PS	PT1	PX1	PT0	PX0

IP 寄存器中与中断有关的控制位共有 5 位，各位含义如下：

（1）PS：串行口中断优先级控制位。若 PS＝0，设定串行口中断为低优先级中断；若 PS＝1，设定串行口中断为高优先级中断。

（2）PT1：T1 中断优先级控制位。若 PT1＝0，设定 T1 为低优先级中断；若 PT1＝1，设定 T1 为高优先级中断。

（3）PX1：外部中断 1 中断优先级控制位。若 PX1＝0，设定外部中断 1 为低优先级中断；若 PX1＝1，设定外部中断 1 为高优先级中断。

（4）PT0：T0 中断优先级控制位。若 PT0＝0，设定 T0 为低优先级中断；若 PT0＝1，设定 T0 为高优先级中断。

（5）PX0：外部中断 0 中断优先级控制位。若 PX0＝0，设定外部中断 0 为低优先级中断；若 PX0＝1，设定外部中断 0 为高优先级中断。

系统复位后，IP 寄存器中各优先级控制位均被清"0"，即将所有中断源设置为低优先级中断。

例 4－3　编写程序段，设置单片机的两个外部中断和串行口中断为高优先级，两个定时器的中断为低优先级。

按题意分析可以看出，需要将两个外部中断和串行口中断在中断优先级控制寄存器（IP）的优先级别控制位设置为 1，即高优先级。

按字节操作：

    IP＝0x15;

按位操作：

PX0＝1；　　　　//设置外中断 0 为高级中断
PX1＝1；　　　　//设置外中断 1 为高级中断
PS＝1；　　　　//设置串行口中断为高优先级

MCS - 51 单片机对中断优先级的处理原则是：

（1）不同级的中断源同时申请中断时，先处理高优先级中断后处理低优先级中断。

（2）处理低级中断又收到高级中断请求时，停止处理低优先级中断转而处理高优先级中断。

（3）正在处理高级中断却收到低级中断请求时，不理睬低优先级中断。

（4）同一级的中断源同时申请中断时，通过内部硬件查询逻辑按优先级顺序确定应响应哪个中断申请，其优先级顺序由硬件电路形成，见表 4 - 7。

表 4 - 7　MCS - 51 中断源优先级顺序

中　断　源	优先级
外部中断 0 定时器 0 外部中断 1 定时器 1 串行口中断	高 ↓ 低

一个中断源的中断请求被响应，需满足以下必要条件。

（1）CPU 开中断，即 IE 寄存器中的中断总允许位 EA＝1。

（2）中断源发出中断请求，即该中断源所对应的中断请求标志位为 1。

（3）中断源的中断允许位为 1，即该中断没有被屏蔽。

（4）无同级或更高级中断正在被服务。

任务 4 - 1　用外部中断控制 LED 点亮或熄灭

◇ 任务目的

利用单片机外接的一个按键产生外部中断 0 信号，通过中断的方式控制单片机 P1 口的一个 LED 点亮或熄灭。

◇ 任务准备

设备及软件：万用表、计算机、Keil μVision4 软件、Proteus 软件。

◇ 任务实施

1. 任务分析

采用单片机外部中断 0 引脚外接的按键，以中断方式控制 LED 发光二极管 D1 的点亮与熄灭，观察任务实施效果。任务的 Proteus 原理图如图 4 - 4 所示。

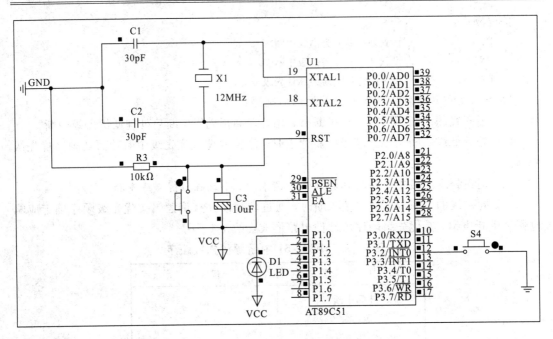

图 4-4　中断控制 LED 亮灭的电路原理图

参考程序如下：

```c
#include "reg52.h"          //此文件中定义了单片机的一些特殊功能寄存器
unsigned int a;
sbit key=P3^2;              //定义按键
sbit D1=P1^0;              //将 D1 位定义为 P1.0 引脚
void main()
{
    IT0=1;                 //边沿触发方式(下降沿)
    EX0=1;                 //打开 INT1 的中断允许
    EA=1;                  //打开总中断
    D1=0;
    while(1);
}


/* * * * * * * * * * * * * * * * * * * * * * * * * * * * * * * * * * * *
* 函 数 名        : Int0()interrupt 0
* 函数功能        : 外部中断 0 的中断函数
* * * * * * * * * * * * * * * * * * * * * * * * * * * * * * * * * * * */

void Int0()interrupt 0        //外部中断 0 的中断函数
{
    for(a=800;a<0;a--);
    D1=~D1;
}
```

2. 软件仿真

（1）打开 Keil 软件，在软件中输入任务程序，对程序进行编译，直至没有错误，并生成相应的 hex 文件。

（2）打开 Proteus 软件，绘制如图 4-4 所示的电路，导入编译后生成的 hex 文件，运行程序，观察仿真效果，如图 4-5 所示。

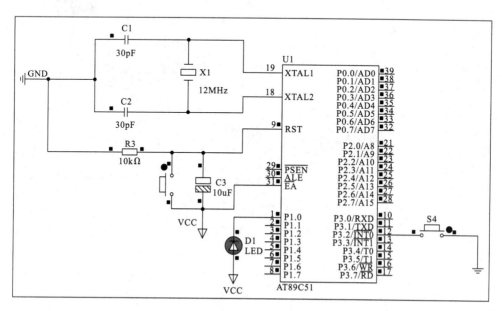

图 4-5　中断控制 LED 亮灭的仿真效果图

◇ **任务结论**

通过按键产生单片机的中断信号，以中断的方式来控制 P1 口上一个 LED 点亮与熄灭，实现中断信号的产生和处理。

任务 4-2　利用中断设计一个三人抢答器

◇ **任务目的**

采用中断的方式设计一个三人抢答器，完成三人抢答的结果判断，并将最终抢答结果送数码管显示。

◇ **任务准备**

设备及软件：万用表、计算机、Keil μVision4 软件、Proteus 软件。

◇ **任务实施**

1. 任务分析

采用单片机设计三人抢答器，参考电路图如图 4-6 所示。S1、S2、S3 分别为三个抢答

按键，S4 为主持人按键。当主持人按下按键后，三位选手可以按键抢答，并将按键最快的
选手号送至数码管模块进行显示。

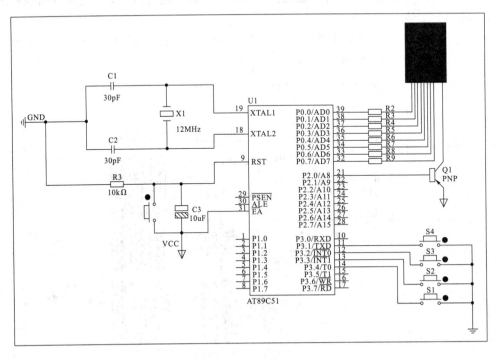

图 4-6　三人抢答器电路图

参考程序如下：

```
#include "reg52.h"            //此文件中定义了单片机的一些特殊功能寄存器
typedef unsigned int u16;     //对数据类型进行声明定义
typedef unsigned char u8;
#include <reg52.h>
sbit key3=P3^3;               //定义按键选手1
sbit key2=P3^4;               //定义按键选手2
sbit key1=P3^5;               //定义按键选手3
sbit key=P3^2;                //定义按键主持人
void delay(u16 i)             //延时函数，i=1时，大约延时10μs
{
    while(i——);
}
void Int1Init()               //设置外部中断1，设置INT0
{   IT0=1;                    //边沿触发方式(下降沿)
    EX0=1;                    //打开INT1的中断允许
    EA=1;                     //打开总中断
}
void main(){
    P0=0x80;
    Int1Init();               //设置外部中断0
```

```
    while(1);
}
void Int0()interrupt 0                //外部中断 0 的中断函数
{
    P0=0xC0;
  delay(1000);                        //延时消抖
  {
    bit Flag;
    while(! Flag){
        if(! key1){P0=0xF9;Flag=1;}
        else if(! key2){P0=0xA4;Flag=1;}
        else if(! key3){P0=0xB0;Flag=1;}
    }
    while(Flag);
  }
}
```

2. 软件仿真

（1）打开 Keil 软件，在软件中输入任务程序，对程序进行编译，直至没有错误，并生成相应的 hex 文件。

（2）打开 Proteus 软件，绘制如图 4 - 6 所示的电路，导入编译后生成的 hex 文件，运行程序，观察仿真效果，如图 4 - 7 所示。

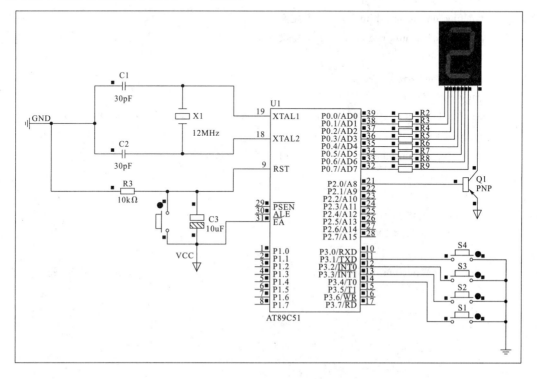

图 4 - 7　三人抢答器的仿真效果图

◇ **任务结论**

通过主持人按键产生单片机的中断信号，在中断子程序中判断三名选手按键的快慢，并将抢答选手号码送至数码管显示。

任务 4 - 3   利用中断设计一个方波脉冲计数器

◇ **任务目的**

设计一个函数，采用单片机实现一个计数器，该计数器利用中断的方式来实现方波计数功能，并通过数码管观察。

◇ **任务准备**

设备及软件：万用表、计算机、Keil μVision4 软件、Proteus 软件。

◇ **任务实施**

1. 任务分析

采用单片机实现该计数器，利用中断的方式来实现方波计数功能，并通过数码管观察。

参考程序如下：

```
#include<reg52.h>
#define uint unsigned int          //定义
#define uchar unsigned char        //定义
#define ledout P0
#define ledchoise P2
sbit clear=P3^3;
uchar code  ledtab[10]={0x40,0x79,0x24,0x30,0x19,0x12,0x02,0x78,0x00,0x18};
uint count=0;
void delay1ms(unsigned int ms)   //延时 1 毫秒(不够精确的)
{
    unsigned int i,j;
    for(i=0;i<ms;i++)
      for(j=0;j<100;j++);
}
void int_0()interrupt 0 using 3
{
  if(count==0)
  {
    count=9999;
  }
  else
```

```
        {
            count－－;
        }
    }
    void main()
    {
        uint i;
        uchar j;
        EA＝1;
        EX0＝1;
        IT0＝1;
        while(1)
        {
            if(clear＝＝0)
            {
                while(clear＝＝1);
                count＝0;
            }
            i＝count;
            j＝i/1000;
            ledchoise＝254;
            ledout＝ledtab[j];
            delay1ms(5);
            j＝i％1000/100;
            ledchoise＝253;
            ledout＝ledtab[j];
            delay1ms(5);
            j＝i％100/10;
            ledchoise＝251;
            ledout＝ledtab[j];
            delay1ms(5);
            j＝i％10;
            ledchoise＝247;
            ledout＝ledtab[j];
            delay1ms(5);
        }
    }
```

2. 软件仿真

（1）打开 Keil 软件，在软件中输入任务程序，对程序进行编译，直至没有错误，并生成相应的 hex 文件。

（2）打开 Proteus 软件，绘制如图 4－8 所示的电路，导入编译后生成的 hex 文件，运行程序，观察仿真效果，如图 4－9 所示。

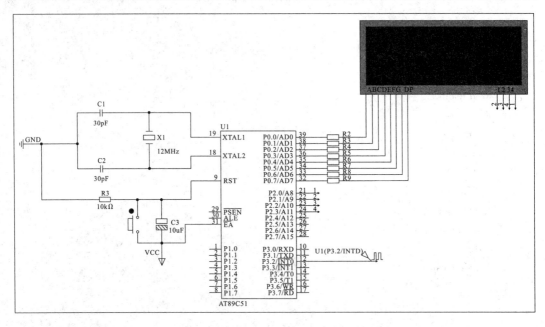

图 4 - 8   中断方式实现方波计数器的电路原理图

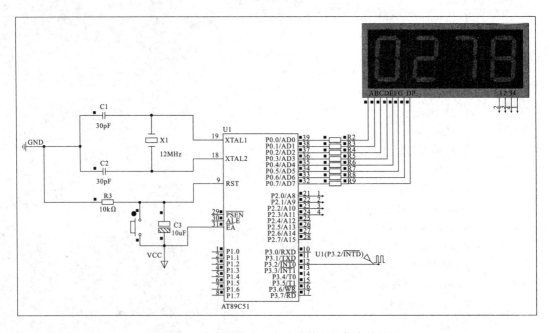

图 4 - 9   中断方式实现方波计数器的仿真效果图

◇ 任务结论

采用中断方式实现方波计数器，在外部方波脉冲的作用下，每来一个脉冲即可作为一次外部中断的触发信号，在中断子程序中进行数据统计，也即加 1 运算，并送数码管模块显示，从而实现对外部方波的计数。

本 章 小 结

　　本章重点讲述了与中断系统相关的中断、中断嵌套、中断响应条件、中断响应步骤、中断优先级等概念；介绍了 51 单片机的 5 个中断源、中断允许与禁止设置、中断优先级设置、5 个中断源对应的入口地址等；最后以具体任务的方式示范了 51 单片机中断程序设计的具体方法和步骤。

习　　题

一、填空题

　　1. 单片机有＿＿＿＿＿＿个中断源，其中＿＿＿＿＿＿个内部中断源，＿＿＿＿＿＿个外部中断源。

　　2. 串行口中断标志 RI/TI 由＿＿＿＿＿＿置位，＿＿＿＿＿＿清零。

　　3. 外部中断 1 的中断入口地址为＿＿＿＿＿＿ H。

　　4. MCS-51 单片机外部中断请求方式有电平触发方式和＿＿＿＿＿＿。在电平触发方式下，当采集到$\overline{INT0}$、$\overline{INT1}$的有效信号为＿＿＿＿＿＿时，激活外部中断。

　　5. 外部中断请求有＿＿＿＿＿＿触发和＿＿＿＿＿＿触发两种触发方式。

　　6. 若 IP＝00010100B，则中断优先级别最高为＿＿＿＿＿＿，最低为＿＿＿＿＿＿。

二、选择题

　　1. 要想测量$\overline{INT0}$引脚上的一个正脉冲宽度，则 TMOD 的内容应为（　　　）。

　　A. 09H　　　　　　　　B. 87H　　　　　　　　C. 00H　　　　　　　　D. 80H

　　2. 若 MCS-51 的中断源都编程为同级，则当它们同时申请中断时，CPU 首先响应（　　　）。

　　A. $\overline{INT1}$　　　　　　　B. $\overline{INT0}$　　　　　　　C. T1　　　　　　　　D. T0

　　3. MCS-51 单片机系统复位后，中断请求标志 TCON 和 SCON 中各位均为（　　　）。

　　A. 0　　　　　　　　　B. 1　　　　　　　　　C. 0、1 交替　　　　　　D. 不定

　　4. MCS-51 单片机的外部中断 1 的中断请求标志是（　　　）。

　　A. ET1　　　　　　　　B. TF1　　　　　　　　C. IT1　　　　　　　　D. IE1

　　5. 中断允许控制寄存器(IE)中和中断相关的控制位有（　　　）。

　　A. 2 位　　　　　　　　B. 4 位　　　　　　　　C. 5 位　　　　　　　　D. 6 位

　　6. 下列说法正确的是（　　　）。

　　A. 同一级别的中断请求按时间的先后顺序响应

　　B. 同一时间同一级别的多中断请求，将形成阻塞，系统无法响应

　　C. 低优先级中断请求不能中断高优先级中断，但是高优先级中断请求能中断低优先级中断

　　D. 同级中断不能嵌套

　　7. 各中断源发出的中断申请信号，都会标记在 MCS-51 系统的（　　　）中。

　　A. TMOD　　　　　　　B. TCON/SCON　　　　C. IE　　　　　　　　　D. IP

8. 要使 51 单片机能够响应定时器 T1 中断、串行接口中断，它的中断允许控制寄存器 IE 的内容应是（　　）。

A. 98H　　　　　　B. 84H　　　　　　C. 42　　　　　　D. 22H

9. 51 单片机的中断允许控制寄存器的内容为 82H，CPU 将响应的中断请求是（　　）。

A. T0　　　　　　B. T1　　　　　　C. 串行接口　　　　　　D. INT0

三、判断题

1. 51 单片机中断优先级有三级。　　　　　　　　　　　　　　　　　　　　（　　）

2. 51 单片机系统复位后，中断请求标志 TCON 和 SCON 中各位均为 0。　（　　）

3. 在中断响应阶段，CPU 一定要做如下两件工作：保护断点和给出中断服务程序入口地址。　　　　　　　　　　　　　　　　　　　　　　　　　　　　　　　　（　　）

4. 用户在编写中断服务程序时，可在中断入口矢量地址存放一条无条件转移指令，以防止中断服务程序容纳不下。　　　　　　　　　　　　　　　　　　　　　　　（　　）

5. 如要允许外部中断 0 中断，应置中断允许控制寄存器 IE 的 EA 位和 EX0 位为 0。

　　　　　　　　　　　　　　　　　　　　　　　　　　　　　　　　　　　（　　）

四、设计题

1. 采用 Proteus 搭建一个电路并编写程序，功能是控制单片机让其 8 个 LED 从左到右依次点亮，然后全亮全灭闪动 2 次。

2. 采用 Proteus 搭建电路并编写程序，功能是控制单片机让 LED 初始状态全亮，再从右向左依次熄灭。

第 5 章　单片机的定时器/计数器

定时和计数是控制系统中的两个重要功能，是时序电路的基础。对于时序控制系统，经常需要定时输出某些控制信号，或者对某些待测量进行定时扫描和监测，这便需要实现定时和计数的功能。

51 系列单片机的硬件上集成了可编程的定时器/计数器。对于 MCS‑51 子系列单片机，其有两个定时器/计数器，即定时器/计数器 0 和 1，简称 T0 和 T1，有 4 种工作方式可供选择。对于 MCS‑52 子系列单片机(如 AT89S52)，其有 3 个定时器/计数器，T0 和 T1 是通用定时器/计数器，定时器/计数器 2(简称 T2)集定时、计数和捕获三种功能于一体，功能更强。

单片机内部通过专用寄存器 TMOD、TCON 来设置定时器/计数器工作的参数，例如方式选择、定时计数选择、运行控制、溢出标志、触发方式等控制字。本章将讲述 51 系列单片机的定时器/计数器的结构、控制寄存器和工作模式。

5.1　定时器/计数器的基本概念

1. 计数

计数一般是指对事件的统计，通常以"1"为单位进行累加。生活中常见的计数应用有家用电度表、汽车和摩托车上的里程表等。计数也广泛用于工业生产和仪表检测中，如某制药厂生产线需要对药片计数，要求每计满 100 片为 1 瓶，当生产线上的计数器计满 100 片时，就产生一个电信号以驱动某机械机构做出相应的包装动作。

2. 计数器的容量

MCS‑51 单片机的两个计数器分别称为 T0 和 T1，这两个计数器都是由两个 8 位的 RAM 单元组成的，即每个计数器都是 16 位的计数器，最大的计数容量是 $2^{16} = 65536$（0～65535），因为在计算机中往往把 0 作为起始点，比如 P0、P1.0、T0 等。

3. 定时器

单片机中的计数器除了可以计数用，还可以用做定时器，定时器的用途当然很大，如闹钟的定时，手机的定时、开关机，等等，那么计数器是如何作为定时器来用的呢？一个闹钟，如果我们将它定时在 1 小时后响铃，就相当于秒针走了 3600 次，在这里时间就转化成为了秒针走的次数。可见，计数的次数和时间之间的确有关，那么单片机的定时器/计数器是怎么回事呢？

定时原理示意图如图 5‑1 所示。从图中我们可以得出这样的结论：只要计数脉冲的间隔相等，那么计数值就代表了时间的流逝。其实单片机中的定时器和计数器是一个东西，只不过计数器记录的是外界发生的事情，而定时器则是由单片机提供一个非常稳定的计数源，然后把计数源的计数次数转化为定时器的时间，图中的 C/$\overline{\text{T}}$ 开关就是起这个作用的。那么提供给定时器的计数源又是从哪里来的呢？它是由单片机的晶振经过 12 分频后获得的一个脉冲源。我们知道晶振的频率是很准确的，所以这个计数脉冲的时间间隔当然也很准确。

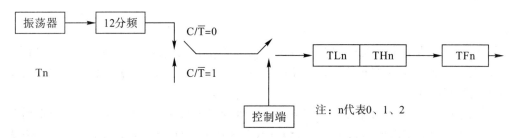

图 5-1　定时原理示意图

假定单片机的时钟振荡器可以产生 12 MHz 的时钟脉冲信号，经 12 分频后得到 1 MHz 的脉冲信号，1 MHz 的信号每个脉冲的持续时间（1 个周期）为 1 μs。如果定时器 0 对 1 MHz 的信号进行计数，计到 65536，将需要 65536 μs，即 65.536 ms，此时，定时器计数达到最大值，计数溢出使 TFn 置位 1。如果将定时器的初值设置为 65536－1000＝64536，那么单片机将在计数 1000 个 1 μs 脉冲，即 1 ms 时产生溢出。

5.2　定时器/计数器的结构及工作原理

定时器/计数器是单片机的一个重要组成部分，了解它的结构和工作原理，对单片机应用系统开发具有很大的帮助。

5.2.1　定时器/计数器的结构

MCS-51 单片机中的定时器或计数器是对同一种结构进行不同的设置而形成的，基本结构如图 5-2 所示。T0 和 T1 分别是由 TH0、TL0 和 TH1、TL1 两个 8 位计数器构成的 16 位计数器，两者均为加 1 计数器，用于对定时或计数脉冲进行加法计数。每个定时器/计数器都可以实现定时和计数功能。

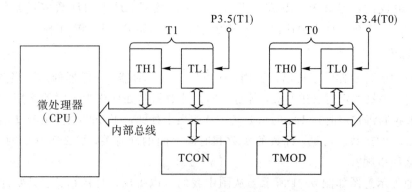

图 5-2　MCS-51 定时器/计数器的基本结构

从图 5-2 中可以看出，单片机内部与定时器/计数器有关的部件如下：

- 两个定时器/计数器(T0 和 T1)：均为 16 位计数器。
- 寄存器 TCON：控制两个定时器/计数器的启动和停止。
- 寄存器 TMOD：用来设置定时器/计数器的工作方式。

两个定时器/计数器在内部通过总线与 CPU 连接，从而可以受 CPU 的控制并传送给 CPU 信号，进而申请 CPU 去执行规定的任务。

当计数脉冲来自内部时钟脉冲时，定时器/计数器作定时器使用。

当计数脉冲来自于外部引脚 T0/T1 上的输入脉冲时，定时器/计数脉冲作计数器使用。如果在第一个机器周期检测到 T0/T1 引脚的脉冲信号为 1，第二个机器周期检测到 T0/T1 引脚的脉冲信号为 0，即出现从高电平到低电平的跳变时，计数器加 1。由于检测到一次负跳变需要两个机器周期，所以最高的外部计数脉冲的频率不能超过时钟频率的 1/24，并且要求外部计数脉冲的高电平和低电平的持续时间不能小于一个机器周期。

方式控制寄存器 TMOD 用于设置定时器/计数器的工作方式，控制寄存器 TCON 用于控制定时器/计数器的启动和停止。

5.2.2　定时器/计数器的工作原理

定时器/计数器作计数器使用时，通过单片机外部引脚 T0 或 T1 对外部脉冲信号计数，当加在 T0 或 T1 引脚上的外部脉冲信号出现一个由"1"到"0"的负跳变时，计数器加 1，直至计数器产生溢出。

定时器/计数器(T0 或 T1)作定时器使用时，对外接晶振产生的振荡信号经 12 分频后，提供给定时器，作为计数的脉冲输入，定时器以 12 分频后的脉冲周期为基本计数单位，对输入的脉冲进行计数，直至产生溢出。

需要说明的是，无论 T0 或 T1 是工作于计数模式还是定时模式，它们在对内部时钟脉冲或外部脉冲进行计数时，都不占用 CPU 的时间，直到定时器/计数器产生溢出为止。当发生溢出后，通知 CPU 停下当前的工作，去处理"时间到"或"计数满"这样的事件。因此，定时器/计数器的工作并不影响 CPU 的其他工作。这也正是采用定时器/计数器的优点。如果让 CPU 定时或计数，结果就非常麻烦。因为 CPU 是按顺序执行程序的，如果让 CPU 定时 1 小时后去执行切断某电源的命令，那么它就必须按顺序执行完延时 1 小时的延时程序后，才能切断电源，而在执行延时程序期间无法进行其他工作，如判断温度是否异常、有无气体泄漏等。

5.3　定时器/计数器的控制

由于定时器/计数器必须在寄存器 TCON 和 TMOD 的控制下才能准确工作，因此必须掌握寄存器 TCON 和 TMOD 的控制方法。所谓的"控制"，也就是对两个寄存器 TCON 和 TMOD 的位进行设置。

5.3.1　定时器/计数器的方式控制寄存器 TMOD

寄存器 TMOD 是单片机的一个特殊功能寄存器，功能是控制定时器/计数器，即 T0、T1 的工作方式。它的字节地址为 89H，不可以对它进行位操作，只能进行字节操作，即以给寄存器整体赋值的方法设置初始值,如 TMOD = 0x01。在上电和复位时,寄存器 TMOD 的初始值为 00H。表 5 - 1 列出了寄存器 TMOD 的格式。

表 5 - 1　TMOD 的格式

位序	D7	D6	D5	D4	D3	D2	D1	D0
位符号	GATE	C/$\overline{\text{T}}$	M1	M0	GATE	C/$\overline{\text{T}}$	M1	M0

TMOD 寄存器中的高 4 位用来控制 T1,低 4 位用来控制 T0。下面以低 4 位控制 T0 为例来说明各位的具体控制功能。

(1) GATE:门控制位,用来控制定时器/计数器的启动模式。GATE=0 时,只要使 TCON 中的 TR0 或 TR1 置"1"(高电平),就可以启动定时器/计数器工作;GATE=1 时,除了需将 TR0 或 TR1 置"1"外,还需要外部中断引脚$\overline{\text{INT0}}$(与 TR0 对应)或$\overline{\text{INT1}}$(与 TR1 对应)也为高电平,才能启动定时器/计数器工作。

(2) C/$\overline{\text{T}}$:定时器/计数器模式选择位。C/$\overline{\text{T}}$为 0 时,定时器/计数器设置为定时工作模式;C/$\overline{\text{T}}$为 1 时,定时器/计数器设置为计数工作模式。

(3) M1、M0 位:定时器/计数器工作方式设置位。定时器/计数器有 4 种工作方式,由 M1、M2 进行设置,M1、M0 与 4 种工作方式的对应关系如表 5 - 2 所示。

表 5 - 2　定时器/计数器的工作方式

M1	M0	工作方式	说　明
0	0	0	13 位,TH0 的 8 位和 TL0 的 5 位,最大计数值为 2^{13} = 8192
0	1	1	16 位,TH0 的 8 位和 TL0 的 8 位,最大计数值为 2^{16} = 65536
1	0	2	8 位,带自动重装功能,最大计数值为 2^8 = 256
1	1	3	T0 分成两个独立的 8 位定时器/计数器,T1 在方式 3 时停止工作

5.3.2　定时器/计数器的控制寄存器 TCON

TCON 是一个特殊功能寄存器,它的功能是在定时器溢出时设定标志位,并控制定时器的运行、停止和中断请求。TCON 的字节地址是 88H,它有 8 位,每位均可进行位寻址(如可使用"TR0 = 1;"将该位置"1"),各位的地址和位符号见表 5 - 3。

表 5 - 3　TCON 的格式

位地址	8FH	8EH	8DH	8CH	8BH	8AH	89H	88H
位符号	TF1	TR1	TF0	TR0	IE1	IT1	IE0	IT0

TCON 的高 4 位用于控制定时器/计数器的启动和中断申请,低 4 位与外部中断有关,其含义在后面介绍。下面仅介绍其高 4 位的功能:

(1) TF1 和 TF0:分别是 T1 和 T0 的溢出标志位。当定时器/计数器工作产生溢出时,硬件自动将 TF1 或 TF0 位置"1",并申请中断。当进入中断服务程序时,硬件又将自动清零 TF1 或 TF0。

(2) TR1 或 TR0:分别是 T1 和 T0 的启动/停止位。在编写程序时,若将 TR1 或 TR0 设置为"1",那么相应的定时器/计数器就开始工作;若设置为"0",相应的定时器/计数器就停止工作。

5.3.3 定时器/计数器的 4 种工作方式

T0、T1 的定时/计数功能由 TMOD 的 C/$\overline{\text{T}}$ 位选择，而工作方式则由 TMOD 的 M1、M0 位共同控制。在 M1、M0 位的控制下，定时器/计数器可以在 4 种不同的方式下工作。

T0 和 T1 有 4 种工作方式，即方式 0、方式 1、方式 2 和方式 3。T0 和 T1 在方式 0、方式 1、方式 2 下工作时，用法完全一致，仅在方式 3 下工作时有所区别。各种方式的选择是通过对 TMOD 的 M1、M2 位进行编码来实现的。

1. 方式 0

当 M1M0＝00 时，定时器/计数器被选定为工作方式 0，其逻辑结构（以 T1 为例）如图 5-3 所示。

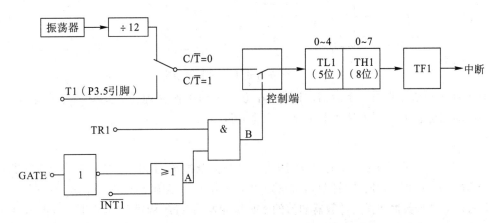

图 5-3 T1 在方式 0 下的逻辑结构

方式 0 实质上是对 T0 或 T1 的两个 8 位计数器 TH1、TL1(TH0、TL0)进行计数操作。其中高位计数器 TH1 的 8 位全部使用，而低位计数器 TL1 只用其低 5 位，从而构成了一个 13 位的定时器/计数器。计数时 TL1 低 5 位计数满后向 TH1 进位，TH1 计数满后向 TCON 中的中断标志位 TF1 进位，由硬件置位 TF1，申请中断。

TMOD 中的标志位 C/$\overline{\text{T}}$ 控制的电子开关决定了定时器/计数器的工作模式。

当 C/$\overline{\text{T}}$ 为 0 时，T1 为定时器工作模式，此时计数器的计数脉冲是单片机内部振荡器 12 分频后的信号，T1 对机器周期计数。其定时时间由下式进行计算：

$$定时时间 ＝ (2^{13} － X) \times 振荡周期 \times 12$$

式中，X 为 T1 的初值。

当 C/$\overline{\text{T}}$ 为 1 时，T1 为计数器工作模式。此时计数器的计数脉冲为 P3.5 引脚上的外部输入脉冲，当 P3.5 引脚上的输入脉冲发生负跳变时，计数器加 1。

T1 或 T0 能否启动工作，取决于 TR1、TR0、GATE 和引脚 $\overline{\text{INT1}}$、$\overline{\text{INT0}}$ 的状态。

当 GATE 为 0 时，只要 TR1、TR0 为 1 就可以启动 T1、T0 工作。

当 GATE 为 1 时，只有当 $\overline{\text{INT1}}$ 或 $\overline{\text{INT0}}$ 引脚为高电平，且 TR1 或 TR0 置 1 时，才能启动 T1 或 T0 工作。

2. 方式 1

在工作方式 1 中，T1 和 T0 的组成结构与功能完全相同，这里以 T1 为例进行讲解。

当 M1M0＝01 时，定时器/计数器被选定为工作方式 1，逻辑结构如图 5－4 所示。在这种工作方式下，其为 16 位定时器/计数器，由 TL1 的 8 位和 TH1 的 8 位构成。当计数溢出时，置位 TCON 中的溢出标志位 TF1，表示有中断请求，同时 16 位定时器/计数器复位为 0。

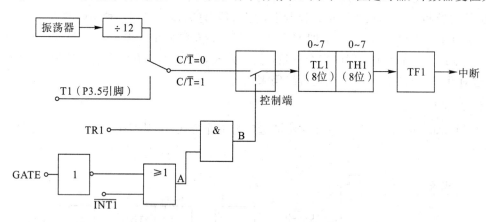

图 5－4　T1 在方式 1 下的逻辑结构

除了计数位数不同外，定时器/计数器在方式 1 的工作原理与方式 0 的工作原理完全相同，启动与停止的控制方法也和方式 0 完全相同。

3. 方式 2

在工作方式 2 中，T1 和 T0 的组成结构与功能也完全相同，这里同样以 T1 为例进行讲解。

当 M1M0＝10 时，定时器/计数器被选定为工作方式 2，逻辑结构如图 5－5 所示。T1 由 TL1 构成的 8 位计数器和作为计数器初值的常数缓冲器的 TH1 构成。当 TL1 计数溢出时，置溢出标志位 TFI 为 1 的同时，还自动将 TH1 的初值送入 TL1，使 TL1 从初值重新开始计数。这样既提高了定时精度，同时应用时只需在开始时赋初值 1 次，简化了程序的编写。

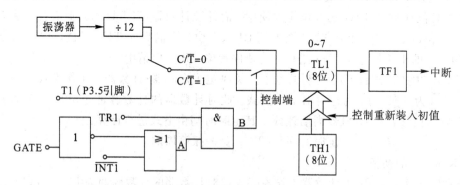

图 5－5　T1 在方式 2 下的逻辑结构

初始化编程时，TH1 和 TL1 都装入该计数初值。方式 2 适用于较精确的脉冲信号发生器，尤其适用于串行口波特率发生器。

4. 方式 3

工作方式 3 的作用比较特殊，只适用于 T0。如果把 T1 置为工作方式 3，它会自动处于停止状态。当 T0 工作在方式 3 时，被拆成两个独立的 8 位计数器 TL0 和 TH0，其逻辑结构如图 5－6 所示。

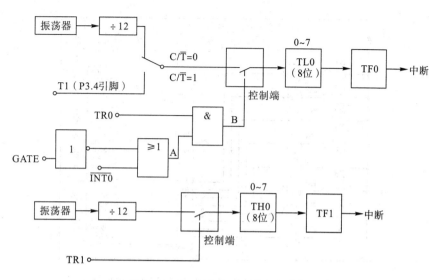

图 5-6　T0 在方式 3 下的逻辑结构

T0 工作在方式 3 时，TL0 构成 8 位计数器，可工作于定时器/计数器模式，并使用 T0 的控制位与 TF0 的中断源。TH0 则只能工作于定时器模式，使用 T1 中的 TR1 和 TF1 的中断源。

一般情况下，使用方式 0～2 即可满足需要。但在特殊场合，必须要求 T0 工作于方式 3，而 T1 工作于方式 2(需要 T1 作为串行口波特率发生器，将在后文介绍)。所以，方式 3 适合于单片机需要 1 个独立的定时器/计数器、1 个定时器和 1 个串行口波特率发生器的情况。

5.3.4　定时器/计数器中定时/计数初值的计算

在 MCS-51 内核单片机中，T1 和 T0 都是增量计数器，因此不能直接将要计数的值作为初值放入寄存器中，而是将计数的最大值减去实际要计数的值的差存入寄存器中。

若作定时器使用，设定时间为 Δt，时钟频率为 f_{osc}，定时器/计数器内部的计数器位数为 n，则

$$定时计数初值 = 2^n - \frac{\Delta t}{12 \times f_{osc}}$$

若作计数器使用，设计数值为 C，定时器/计数器内部的计数器位数为 n，则

$$计数初值 = 2^n - C$$

当定时器/计数器工作在除方式 2 以外的其他方式下，且采用中断编程方式时，在中断服务程序中必须重置内部计数器初值，以保证定时/计数值不变。

任务 5-1　用 T0 查询方式控制 P1 口 8 位 LED 闪烁

◇ 任务目的

要求 T0 工作在方式 1，LED 的闪烁周期为 100 ms，即亮 50 ms，熄灭 50 ms。电路原理图如图 5-7 所示。

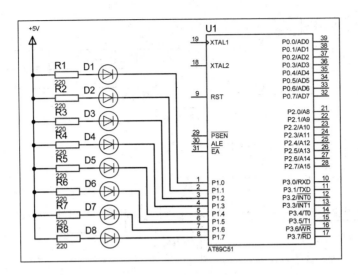

图 5 - 7　T0 查询方式控制 8 位 LED 闪烁的电路原理图

◇ 任务准备

设备及软件：万用表、计算机、Keil μVision4 软件、Proteus 软件。

◇ 任务实施

1. 实现方法

1）T0 工作方式的设置

用如下指令对 T0 的工作方式进行设置：

TMOD=0x01；　//即 TMOD=0000 0001B，低 4 位的 GATE=0，C/$\overline{\text{T}}$=0，M1M0=01

2）T0 初值的设定

因为单片机的晶振频率为 12 MHz，经 12 分频后送到 T0 的脉冲频率为 1 MHz，周期 T=1 μs。即每个脉冲计时 1 μs。计时 50 ms（即 50000 μs），则需要计的脉冲数为 50000/1=50000（次）。定时器的初值应设置为 65536－50000=15536。这个数需要用 T0 的高 8 位寄存器（TH0）和低 8 位寄存器（TL0）分别存储，设置方法如下：

TH0=（65536－50000）/256；　//T0 的高 8 位赋初值

TL0=（65536－50000）%256；　//T1 的高 8 位赋初值

3）查询方式的实现

T0 开始工作后，可通过编程让单片机不断查询溢出标志位 TF0 是否为"1"，若为"1"，则表示计时时间到；否则等待。

2. 程序设计

先建立一个文件夹，然后建立"TIMER"工程项目，最后建立源程序文件"TIMER.C"。输入如下源程序：

```
#include<reg51.h>                //包含 51 单片机寄存器定义的头文件
void main(void)
{    TMOD=0x01;                  //TMOD=0000 0001B，使用 T0 的方式 1
```

```
    TH0＝(65536－50000)/256;        //T0 的高 8 位赋初值
    TL0＝(65536－50000)%256;        //T0 的低 8 位赋初值
    TR0＝1;                          //启动 T0
    P1＝0xff;                        //先熄灭 P1 口 8 位 LED
    while(1)                         //无限循环
    {
        while(TF0＝＝0);             //查询标志位是否溢出，当达到定时时间时，标志
                                     //位 TF0 置 1，跳出该 while 循环语句
        TF0＝0;                      //计时时间到，需用软件将溢出标志位 TF0 清 0
        TH0＝(65536－46083)/256;     //T0 的高 8 位重新赋初值
        TL0＝(65536－46083)%256;     //T0 的低 8 位重新赋初值
        P1＝~P1;                     //P1 口的输出状态翻转，使外接的 8 个 LED 闪烁
    }
}
```

3. 用 Proteus 软件仿真

经 Keil 软件编译通过后，可利用 Proteus 软件进行仿真。在 Proteus ISIS 编辑环境中绘制仿真电路图，将编译好的"TIMER. hex"文件载入 AT89C51。启动仿真，即可看到 P1 口外接的 8 位 LED 开始闪烁。

任务 5－2　用 T0 查询方式计数，结果送 P1 口显示

◆ 任务目的

要求使用 T0 的查询方法统计按键次数，并将结果送 P1 口 8 位 LED 显示。要求计数从 0 开始，计满 100 后清 0。电路原理图如图 5－8 所示。

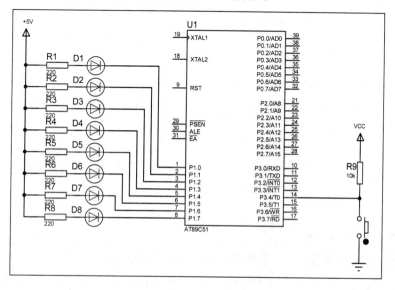

图 5－8　统计按键次数的电路原理图及仿真效果

◇ **任务准备**

设备及软件：万用表、计算机、Keil μVision4 软件、Proteus 软件。

◇ **任务实施**

1. 实现方法

用如下指令对 T0 的工作方式进行设置：

```
TMOD=0x06;      //TMOD=0000 0110B，使用 T0 的方式 2
```

因为 T0 在方式 2 工作时，TH0 和 TL0 仅需赋值一次初值。在 TL0 计满后，即置位 TF0，同时 TH0 中的初值自动再装入 TL0，然后重新开始计数。所以 T0 工作在方式 2 且计数最大值为 100 时的初值设置如下：

```
TH0=256-100;       //T0 的高 8 位赋初值
TL0=256-100;       //T0 的高 8 位赋初值
```

2. 程序设计

先建立一个文件夹，然后建立"COUNTER"工程项目，最后建立源程序文件"COUNTER.C"。输入如下源程序：

```
#include<reg51.h>              //包含 51 单片机寄存器定义的头文件
sbit S1=P3^4;                  //将 S1 位定义为 P3.4 引脚
void main(void)
{   TMOD=0x06;                 //TMOD=0000 0110B，使用 T0 的方式 2
    TH0=256-100;               //T0 的高 8 位赋初值
    TL0=256-100;               //T0 的高 8 位赋初值
    TR0=1;                     //启动 T0
    while(1)                   //无限循环等待查询
    {
        while(TF0==0)          //如果未计满 100 次就循环等待
        {
            if(S1==0)          //按键 S1 按下闭合时，电平为 0
            {   P1=~(TL0-(256-100));  //P1 口显示按键按下的次数
            }
        }
        TF0=0;                 //计数已达 100 次，计数器溢出，将 TF0 清 0
    }
}
```

3. 用 Proteus 软件仿真

经 Keil 软件编译通过后，可利用 Proteus 软件进行仿真。在 Proteus ISIS 编辑环境中绘制仿真电路图，将编译好的"COUNTER.hex"文件载入 AT89C51。启动仿真，即可看到 P1 口外接的 8 位 LED 显示按键按下的次数。

本 章 小 结

　　在单片机项目开发中经常用到定时器/计数器，因此，掌握定时器/计数器的使用方法非常必要。本章介绍了定时器/计数器的简单应用技术。在实际项目开发中通常需要根据具体的项目要求灵活使用定时器/计数器，更详细的资料可查阅芯片的数据手册。

习　　题

一、填空题

　　1. 单片机 AT89C51 片内有两个_____位的定时器/计数器，即 T0 和 T1。

　　2. T0 或 T1 用做作定时器时，对外接晶振产生的振荡信号经_____分频后，提供给计数器，作为计数的脉冲输入。

　　3. 单片机 AT89C51 外接 12 MHz 晶振，定时器的最大溢出时间是_____。

二、选择题

　　1. 单片机 AT89C51 的定时器工作在方式 0 时，最大计数值是(　　)。

　　A. 8192　　　　　　B. 256　　　　　　C. 65536　　　　　　D. 128

　　2. 单片机 AT89C51 外接 11.0592 MHz 晶振，定时器工作在方式 1，需要计时 50 ms，定时器的初值应设置为(　　)。

　　A. 19456　　　　　　B. 46080　　　　　　C. 50000　　　　　　D. 15536

三、判断题

　　1. 定时器/计数器在工作时需要消耗 CPU 的时间。　　　　　　　　　　　　(　　)

　　2. 定时器/计数器的工作模式寄存器 TMOD 可以进行位寻址。　　　　　　(　　)

　　3. 定时器/计数器工作于定时模式时，是通过 89C51 片内振荡器输出经 12 分频后的脉冲进行计数的，直至溢出为止。　　　　　　　　　　　　　　　　　　　(　　)

　　4. 定时器/计数器工作于计数模式时，是通过 89C51 的 P3.4 和 P3.5 对外部脉冲进行计数的，当遇到脉冲下降沿时计数一次。　　　　　　　　　　　　　　　　(　　)

　　5. 定时器/计数器在使用前和溢出后，必须对其赋初值才能正常工作。　　(　　)

四、综合设计题

　　1. 结合图 5-7 所示电路，编程实现如下功能：

　　(1) P1 口 8 位 LED 以 1 s 周期闪烁(即亮 0.5 s，灭 0.5 s)；

　　(2) P1 口高 4 位以 0.1 s 周期闪烁，而低 4 位以 0.5 s 的周期闪烁。

　　采用 Proteus 软件仿真，并通过实物进行验证。

　　2. 以 T1 进行外部事件计数，每计数 1000 个脉冲，T1 转为定时工作模式。定时10 ms后，又转为计数工作模式，如此循环不止。外接的晶振频率为 12 MHz，采用方式 1 编程。

　　3. MCS-51 单片机的晶振频率为 12 MHz，试编写一段程序，功能为：对 T0 初始化，使之工作在方式 2，产生 200 μs 定时，并用查询 T0 溢出标志的方法使 P1.0 输出周期为 2 ms的方波。

第6章　单片机串行通信技术

　　随着多微机系统的广泛应用和计算机网络技术的普及，计算机的通信功能愈来愈显得重要。计算机通信是指计算机与外部设备或计算机与计算机之间的信息交换。因为它简单便捷，大部分电子设备都支持该通信方式，电子工程师在调试设备时也经常使用该通信方式输出调试信息。

　　单片机通信是指单片机与外部的信息交换。通常采用两种形式，即并行通信和串行通信。所谓并行通信，是指构成一组数据的各位同时进行传输的通信方式。串行通信则是指数据一位一位地顺序传输的通信方式。

　　串口通信的物理层有很多标准及变种，我们主要讲解 RS-232 标准。RS-232 标准主要规定了信号的用途、通信接口以及信号的电平标准。使用 RS-232 标准的串口设备间常见的通信结构如图 6-1 所示。

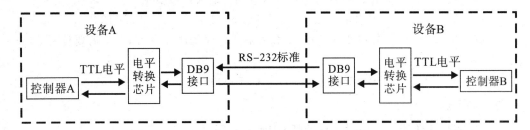

图 6-1　串口通信结构图

　　在最初的应用中，RS-232 串口标准常用于计算机、路由与调制调解器（MODEN，俗称"猫"）之间的通信，在这种通信系统中，设备被分为数据终端设备 DTE（计算机、路由）和数据通信设备 DCE（调制调解器）。我们以这种通信模型讲解它们的信号线连接方式及各个信号线的作用。

　　在台式计算机中一般会有 RS-232 标准的 COM 口（也称 DB9 接口），如图 6-2 所示。

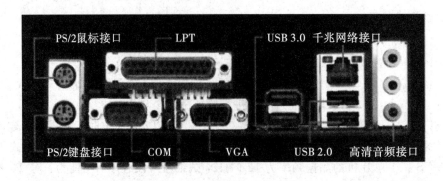

图 6-2　电脑主板上的 COM 口

其中接线口以针式引出信号线的称为公头，以孔式引出信号线的称为母头，如图 6 - 3 所示。在计算机中引出的一般为公头，而在调制调解器设备中引出的一般为母头，使用上图中的串口线即可把它与计算机连接起来。通信时，串口线中传输的信号就是使用前面讲解的 RS - 232 标准调制的。

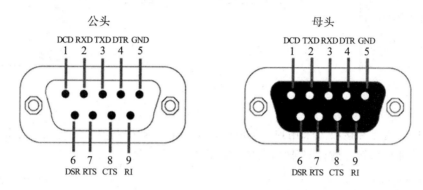

图 6 - 3　DB9 标准的公头及母头接法

6.1　串行通信的基本概念

6.1.1　并行通信

并行通信是指构成一组数据的各位同时进行传输的通信方式。并行通信特点：并行通信速度高，但数据线多，结构复杂，成本高，一般适用于近距离通信。并行通信方式如图 6 - 4 所示。

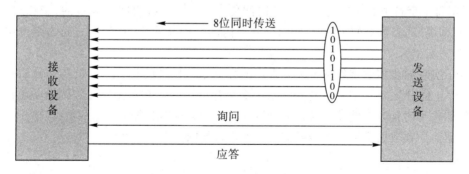

图 6 - 4　并行通信方式

6.1.2　串行通信

串行通信是指数据一位一位地顺序传输的通信方式。它的特点：速度低，但接线简单，适用于远距离通信。串行通信有两种基本方式：同步通信方式和异步通信方式。串行通信方式如图 6 - 5 所示。

1）同步通信方式

同步通信时要建立发送方时钟对接收方时钟的直接控制，使双方达到完全同步。此时，传输数据的位之间的距离均为“位间隔”的整数倍，同时传送的字符间不留间隙，即保持位同步关系，也保持字符同步关系。

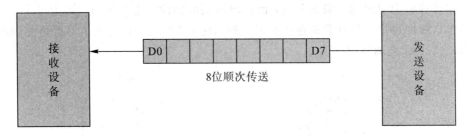

图 6-5　串行通信方式

2）异步通信方式

它是指发送方和接收方采用独立的时钟。但是，为使双方的收发协调，要求发送和接收设备的时钟尽可能一致。异步通信方式如图 6-6 所示。

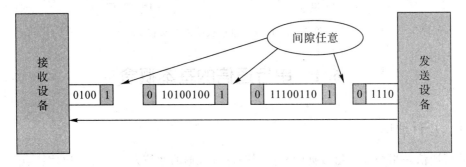

图 6-6　异步通信方式

异步通信是以字符（构成的帧）为单位进行传输的，字符与字符之间的间隙（时间间隔）任意，但每个字符中的各位是以固定的时间传送的，即字符之间是异步的（字符之间不一定有"位间隔"的整数倍的关系），但同一字符内的各位是同步的（各位之间的距离均为"位间隔"的整数倍）。

为了实现异步传输字符的同步，采用的办法是使传送的每一个字符都以起始位"0"开始，以停止位"1"结束。这样，传送的每一个字符都用起始位来进行收发双方的同步，停止位和间隙作为时钟频率偏差的缓冲，即使双方时钟频率略有偏差，总的数据流也不会因偏差的积累而导致数据错位。异步通信的数据格式如图 6-7 所示。

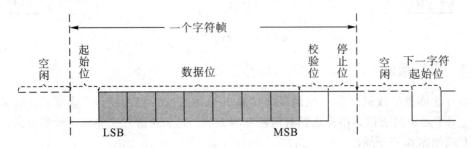

图 6-7　异步通信的数据格式

由图可见，异步通信的每帧数据由 4 部分组成：起始位（占 1 位）、字符代码数据位（占 5~8 位）、奇偶校验位（占 1 位，也可以没有校验位）、停止位（占 1 或 2 位）。图中给出的是

7 位数据位、1 位奇偶校验位和 1 位停止位，加上固定的 1 位起始位，共 10 位组成一个传输帧。传送时数据的低位在前，高位在后。字符之间允许有不定长度的空闲位。起始位"0"作为联络信号，它告诉收方传送的开始，接下来的是数据位和奇偶校验位，停止位"1"表示一个字符的结束。

传送开始后，接收设备不断检测传输线，看是否有起始位到来。当收到一系列的"1"（空闲位或停止位）之后，检测到一个"0"，说明起始位出现，就开始接收所规定的数据位和奇偶校验位以及停止位。经过处理将停止位去掉，把数据位拼成一个并行字节，并且经校验无误才算正确地接收到一个字符。一个字符接收完毕后，接收设备又继续测试传输线，监视"0"电平的到来（下一个字符开始），直到全部数据接收完毕。

异步通信的特点：不要求收发双方时钟的严格一致，实现容易，设备开销较小，但每个字符要附加 2～3 位用于起止位，各帧之间还有间隔，因此传输效率不高。

3）串行通信的数据传送方向

串行通信中，数据通常是在两个端点（点对点）之间进行传送的，按照数据流动的方向可分成三种传送模式：单工、半双工、全双工。

（1）单工通信：数据仅按一个固定方向传送。这种传输方式的用途有限，常用于串行口的打印数据传输与简单系统间的数据采集。单工通信方式如图 6-8 所示。

（2）半双工通信：使用同一根传输线，数据可双向传送，但不能同时进行。实际应用中采用某种协议实现收/发开关转换。半双工通信方式如图 6-9 所示。

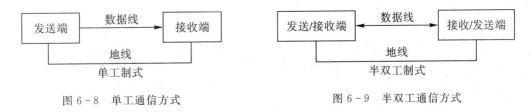

图 6-8　单工通信方式　　　　　　　　图 6-9　半双工通信方式

（3）全双工通信：数据的发送和接收可同时进行，通信双方都能在同一时刻进行发送和接收操作，但一般全双工传输方式的线路和设备比较复杂。全双工通信方式如图 6-10 所示。

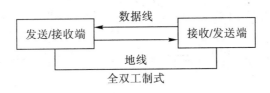

图 6-10　全双工通信方式

6.1.3　串行通信校验

在通信过程中往往要对数据传送的正确与否进行校验。校验是保证准确无误传输数据的关键。常用的校验方法有奇偶校验、代码和校验及循环冗余码校验。

1. 奇偶校验

在发送数据时，数据位尾随的 1 位为奇偶校验位（1 或 0）。当约定为奇校验时，数据中"1"的个数与校验位"1"的个数之和应为奇数；当约定为偶校验时，数据中"1"的个数与校验位"1"的个数之和应为偶数。接收方与发送方的校验方式应一致。接收字符时，对"1"的个数进行校验，若发现不一致，则说明传输数据过程中出现了差错。

2. 代码和校验

代码和校验是发送方将所发数据块求和（或各字节异或），产生一个字节的校验字符（校验和）附加到数据块末尾。接收方接收数据的同时对数据块（除校验字节外）求和（或各字节异或），将所得的结果与发送方的"校验和"进行比较，相符则无差错，否则即认为传送过程中出现了差错。

3. 循环冗余校验

循环冗余校验是通过某种数学运算实现有效信息与校验位之间的循环校验，常用于对磁盘信息的传输、存储区的完整性校验等。这种校验方法纠错能力强，广泛应用于同步通信中。

6.2　串行通信口的结构

80C51 系列单片机有一个可编程的全双工串行通信口，如图 6-11 所示。该通信口可作为 UART（通用异步收发器），也可作为同步移位寄存器，其帧格式可为 8 位、10 位或 11 位，并可以设置多种不同的波特率。通过引脚 RXD（P3.0，串行数据接收引脚）和引脚 TXD（P3.1，串行数据发送引脚）与外界进行通信。

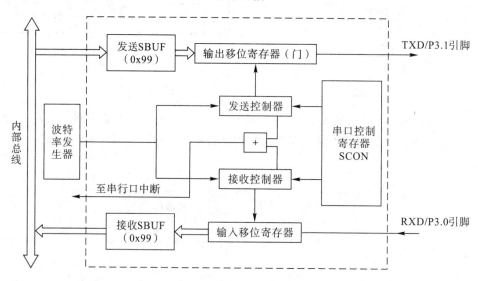

图 6-11　80C51 串行接口的结构

1）两个数据缓冲器（SBUF）

SBUF 是一个特殊功能寄存器，它包括发送 SBUF 和接收 SBUF。前者用来发送串行数据，后者用来接收串行数据。两者共用一个地址 99H。发送数据时，该地址指向发送 SBUF，接收数据时，该地址指向接收 SBUF。

发送时，只需将发送数据输入 SBUF，CPU 将自动启动和完成串行数据的发送；

接收时，CPU 将自动把接收到的数据存入 SBUF，用户只需从 SBUF 中读出接收数据。

2）输入移位寄存器

输入移位寄存器的功能是在接收控制器的控制下，将输入的数据逐位移入接收 SBUF。

3）串行控制寄存器 SCON

串行控制寄存器 SCON 的功能是控制串行通信方式，并反映串行通信口的工作状态。

4）定时器（T1）

T1 的作用是作为波特率发生器，控制传输数据的速度。

6.3　串行通信口的控制

单片机串行通信由 4 个特殊功能寄存器进行控制，它们分别是 SCON、PCON、IE 和 IP。其中，串行控制寄存器 SCON 和 PCON 直接控制串行的工作方式。

6.3.1　串行控制寄存器 SCON

串行控制寄存器 SCON 用于设置串行口的工作方式、监视串行口工作状态、进行发送与接收的状态控制等。它是一个既可字节寻址又可位寻址的特殊功能寄存器，字节地址为 98H。SCON 的格式见表 6 - 1。

表 6 - 1　串行控制寄存器 SCON 的格式

SM0	SM1	SM2	REN	TB8	RB8	TI	RI
9F	9E	9D	9C	9B	9A	99	98

（1）SM0、SM1：串行口工作方式的选择位，可选择 4 种工作方式。表 6 - 2 列出了这 4 种工作方式。

表 6 - 2　串行口的 4 种工作方式

SM0	SM1	工作方式	功　能　说　明
0	0	0	同步移位寄存器方式（用于扩展 I/O 口），波特率为 $f_{osc}/12$
0	1	1	8 位异步收发，波特率可变（由 TI 设置）
1	0	2	8 位异步收发，波特率为 $f_{osc}/64$ 或 $f_{osc}/32$
1	1	3	9 位异步收发，波特率可变（由 TI 设置）

（2）SM2：多机通信控制位，主要用于方式 2 或方式 3 的多机通信情况。SM2＝1，允许多机通信；SM2＝0，禁止多机通信。

（3）PEN：允许/禁止数据接收控制位，当 REN＝1 时，允许串行口接收数据；当 REN＝0时，禁止串行口接收数据。

（4）TB8：发送数据的第 9 位，在方式 2 或方式 3 中，通常用做数据的校验位，也可在多机通信时用做地址帧或数据帧的标志位。

（5）RB8：在方式 2 或方式 3 中，为要接收数据的第 9 位。在方式 1 中，若 SM2＝0，则 RB8 是接收到的停止位。

（6）TI：发送中断标志位。当串行口在方式 0 工作时，串行发送第 8 位数据结束时，TI 由硬件自动置 1，向 CPU 发送中断请求，在 CPU 响应中断后，必须用软件清 0；工作在其他几种方式时，该位在停止位开始发送前自动置 1，向 CPU 发送中断请求，在 CPU 响应中断后，也必须用软件清 0。

（7）RI：接收中断标志。当串行口在方式 0 工作时，接收完第 8 位数据时，RI 由硬件自动置 1，向 CPU 发出中断请求，在 CPU 响应中断后，必须用软件清 0；工作在其他几种方式时，该位在接收到停止位时自动置 1，向 CPU 发出中断请求，在 CPU 响应中断取走数据后，必须用软件对该位清 0，以准备开始接收下一帧数据。

在系统复位时，SCON 的所有位均被清 0。

6.3.2 电源控制寄存器 PCON

电源控制寄存器 PCON 字节地址为 87H，不能进行位寻址。PCON 中的第 7 位 SMOD 与串行口有关，PCON 的格式见表 6-3。

表 6-3　电源控制寄存器 PCON 的格式

SMOD				GF1	GF0	PD	IDL
D7				D3	D2	D1	D0

SMOD 为波特率选择位。在方式 1、方式 2 和方式 3 时起作用。若 SMOD=0，则波特率不变；若 SMOD=1，则波特率加倍。当系统复位时，SMOD=0。控制字中其余各位与串行口无关。

6.4　串行通信口的 4 种工作方式

通过编程串行控制寄存器 SCON，串行口的工作方式可以有 4 种，分别是方式 0（同步移位寄存器）、方式 1（10 位异步收发）、方式 2（11 位异步收发）、方式 3（11 位异步收发）。

6.4.1 方式 0

方式 0 为移位寄存器输入/输出方式，可外接移位寄存器以扩展 I/O 口，也可外接同步输入输出设备。方式 0 时，收发的数据为 8 位，低位在前（LSB），高位在后（MSB）。波特率固定为当前单片机工作频率的 1/12。

发送是以写 SBUF 缓冲器的指令开始的，串行数据通过 RXD 引脚输出，而 TXD 引脚作为移位脉冲输出引脚，输出移位时钟脉冲。

当一个数据写入串行口数据缓冲器时，就开始发送。在此期间，发送控制器送出移位信号，使发送移位寄存器的内容右移 1 位，直至最高位（D7 位）数字移出后，才停止发送数据和移位时钟脉冲。发送完一帧数据后，置 TI 为"1"，申请中断，如果 CPU 响应中断，则从 0023H 单元开始执行串行口中断服务程序。

方式 0 接收时，RXD 端为数据输入端，TXD 端为同步脉冲信号输出端。REN（SCON.4）为串行口接收器允许接收控制位。当 REN=0 时，禁止接收；当 REN=1 时，允许接收。当串行口置为方式 0，且满足 REN=1 和 RI（SCON.0）=0 的条件时，就会启动一次接收过程。当接收的数据装载到 SBUF 缓冲器中，RI 会被置位（RI=1）。

方式 0 发送或接收完 8 位数据后由硬件置位，并发送中断标志 TI 或接收中断标志 RI。

但 CPU 响应中断请求转入中断服务程序时并不将 TI 或 RI 清零。因此，中断标志 TI 或 RI 必须由用户在程序中清 0。方式 0 为移位寄存器输入/输出方式，如果接上移位寄存器 74LS164，可以构成 8 位输出电路，不过这样做会浪费了串口真正的实质作用，因为移位方式同样可以用 I/O 来模拟实现。

6.4.2　方式 1

方式 1 是 10 位异步通信方式，有 1 位起始位(0)、8 位数据位和 1 位停止位(1)。

方式 1 发送，CPU 执行任何一条以 SBUF 为目标寄存器的指令，就启动发送。先把起始位输出到 TXD，然后把移位寄存器的输出位送到 TXD，接着发出第一个移位脉冲 (SHIFT)，使数据右移 1 位，并从左端补入 0。此后数据将逐位由 TXD 端送出，而其左端不断补入 0。当发送完数据位时，置位中断标志位 TI。

方式 1 接收的前提条件是 SCON 的 REN 被编程为 1，同时两个条件都必须被满足：① RI＝0；② 接收到的停止位为 1 或 SM2＝0 时，本次接收有效，停止位进入 RB8，8 位数据进入 SBUF，且置位中断标志 RI。

6.4.3　方式 2 和方式 3

串行通信口工作于方式 2 和方式 3 时，被自定义为 11 位的异步通信接口，发送(通过 TXD)和接收(通过 RXD)的一帧信息都是 11 位，1 位起始位(0)，8 位数据位(低位在先)，1 位可编程位(即第 9 位数据)和 1 位停止位(1)。方式 2 和方式 3 的工作原理相似，唯一的差别是方式 2 的波特率是固定的，为 $f_{osc}/32$ 或 $f_{osc}/64$。方式 3 的波特率是可变的，利用定时器 1 或定时器 2 作波特率发生器。

串行通信口工作于方式 2 或方式 3 时的数据结构如图 6-12 所示。

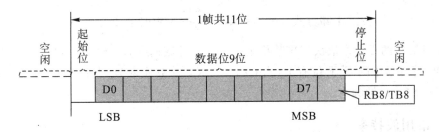

图 6-12　11 位数据的异步通信数据结构

1) 数据发送

发送前，先根据通信协议由软件设置 TB8(第 9 位数据)，然后将要发送的数据写入 SBUF，即可启动发送过程。串行口能自动将 TB8 取走，并装入到第 9 位数据的位置，再逐一发送出去。发送一帧信息后，将 TI 置"1"。

2) 数据接收

在方式 2 时，需要先设置 SCON 中的 REN＝1，串行通信口才允许接收数据，然后当 RXD 端检测到有负跳变时，说明外部设备发来了数据的起始位，开始接收此帧数据的其余数据。

当一帧数据接收完毕以后，必须同时满足以下两个条件，这帧数据接收才真正有效：

（1）RI＝0，意味着接收缓冲器为空。

（2）SM2＝0(禁止多机通信)。

当满足上述两个条件时，接收到的数据送入 SBUF，第 9 位数据送入 RB8，并由硬件自动置 RI 为 1；若不满足这两个条件，接收的信息将被丢弃。

方式 3 与方式 2 一样，传送的一帧数据都是 11 位的，工作原理也相同，区别仅在于波特率不同。

方式 2：SM0 SM1＝10；

方式 3：SM0 SM1＝11。

6.5　串行通信口的波特率设置

在串行通信中，收发双方对传送数据速率，即波特率要有一定约定。51 系列单片机的串行口通过编程可以有 4 种工作方式，其中方式 0 和方式 2 的波特率是固定的，而方式 1 和方式 3 的波特率是可变的，由定时器 1 的溢出率来决定。

6.5.1　方式 0 和方式 2

在方式 0 中：波特率为时钟频率的 1/12，即 f/12，固定不变。

在方式 2 中：波特率取决于 PCON 中的 SMOD 值，当 SMOD＝0 时，波特率为 f/64；当 SMOD＝1 时，波特率为 f/32。

6.5.2　方式 1 和方式 3

在方式 1 和方式 3 下，波特率由定时器 1 的溢出率和 SMOD 共同决定，即

$$方式 1 和方式 3 的波特率 = \frac{S^{SMOD}}{32} \cdot 定时器 1 溢出率$$

其中，定时器 1 的溢出率取决于单片机定时器 1 的计数速率和定时器的预置值。计数速率与 TMOD 寄存器中的 $C/\overline{T}$ 位有关：当 $C/\overline{T}＝0$ 时，计数速率为 f/12；当 $C/\overline{T}＝1$ 时，计数速率为外部输入时钟频率。

6.5.3　常用波特率

由于设置波特率比较麻烦，且在一般情况下常用的波特率足以满足实际应用，因此，表 6-4 直接给出了常用波特率、晶振频率和定时器计数初值之间的关系。

表 6-4　常用波特率、晶振频率和定时器计数初值之间的关系表

工作方式	波特率	晶振频率/MHz	SMOD	T1 的 TH1 初值
1、3	19200	11.0592	1	FDH
1、3	9600	11.0592	0	FDH
1、3	4800	11.0592	0	FAH
1、3	2400	11.0592	0	F4H
1、3	1200	11.0592	0	E8H

　　在串行通信中，一个重要的指标是波特率，通信线上传送的所有信号都保持一致的信号持续时间，每一位的信号持续时间都由数据传送速度确定，而传送速度是以每秒多少个二进制位来衡量的，将串行口每秒钟发送（或接收）的位数称为波特率。假设发送一位数据所需要的时间为 T，则波特率为 1/T。它反映了串行通信的速率，也反映了对于传输通道的要求。波特率越高，要求传输通道的频带越宽。如果数据以 300 个二进制位每秒在通信线上传送，那么传送速度为 300 波特（通常记为 300 b/s）。MCS－51 单片机的异步通信速度一般在 50～9600 b/s 之间。由于异步通信双方各用自己的时钟源，要保证捕捉到的信号正确，最好采用较高频率的时钟，一般选择时钟频率比波特率高 16 倍或 64 倍。如果时钟频率等于波特率，则频率稍有偏差便会产生接收错误。

　　在异步通信中，收、发双方必须事先规定两件事：一是字符格式，即规定字符各部分所占的位数、是否采用奇偶校验以及校验的方式（偶校验还是奇校验）等通信协议；二是采用的波特率以及时钟频率和波特率的比例关系。

　　串行口以方式 0 工作时，波特率固定为振荡器频率的 1/12。以方式 2 工作时，波特率为振荡器频率的 1/64 或 1/32，它取决于特殊功能寄存器 PCON 中的 SMOD 位的状态。如果 SMOD=0（复位时 SMOD=0），波特率为振荡器频率的 1/64；如果 SMOD=1，波特率为振荡器频率的 1/32。

　　方式 1 和方式 3 的波特率由定时器 1 的溢出率决定。当定时器 1 用做波特率发生器时，波特率由下式确定：

$$波特率 = \frac{定时器\ 1\ 溢出率}{n}$$

　　上式中，定时器 1 溢出率＝定时器 1 的溢出次数/秒；n 为 32 或 16，取决于特殊功能寄存器 PCON 中的 SMOD 位的状态，如果 SMOD=0，则 n=32，如果 SMOD=1，则 n=16。

　　对于定时器的不同工作方式，得到的波特率的范围是不一样的，这主要由定时器 1 的计数位数决定。对于非常低的波特率，应选择 16 位定时器方式（即 TMOD.5＝0，TMOD.4＝1），并且在定时器 1 中断程序中实现时间常数重新装入。在这种情况下，应该允许定时器 1 中断（IE.3＝1）。

　　在任何情况下，如果定时器 1 的 C/T̄=0，则计数率为振荡器频率的 1/12；如果 C/T̄=1，则计数率为外部输入频率，它的最大可用值为振荡器频率的 1/24。

任务 6-1　利用串口控制数码管显示十六进制字符

◇ 任务目的

　　利用单片机的串口和串入并出移位寄存器 74LS164。通过按键中断的方式控制数码管顺序显示十六进制字符，每按下按键，数码管显示的十六进制字符增加一位。

◇ 任务准备

　　设备及软件：万用表、计算机、Keil μVision4 软件、Proteus 软件。

◇ 任务实施

1. 任务分析

任务电路 Proteus 原理图如图 6-13 所示，数码管接在 74LS164 的并口输出端，单片机在按键产生中断信号的作用下，通过串口采用串行通信方式 0 向 74LS164 发送十六进制字符的字形码，74LS164 将其转换成 8 位并行二进制数据输出给数码管，从而在数码管上显示十六进制字符。

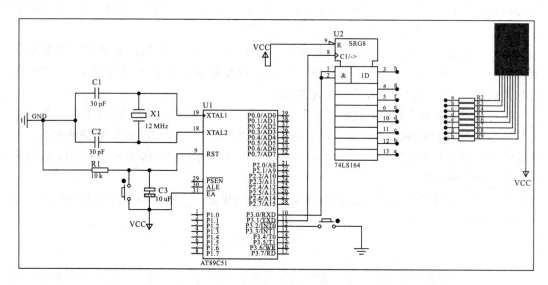

图 6-13　串口控制数码管显示十六进制字符的 Proteus 原理图

2. 软件仿真

（1）打开 Keil 软件，在软件中输入任务程序，对程序进行编译，直至没有错误，并生成相应的 hex 文件。

（2）打开 Proteus 软件，绘制如图 6-13 所示的电路原理图，导入编译后生成的 hex 文件，运行程序，观察仿真效果，如图 6-14 所示。

参考程序如下：

```
#include<reg51.h>
#define uint unsigned int
#define uchar unsigned char
uchar temp,flag;
uint key=0;
uchar code table[]={                          //定义0~F显示数组
0xC0,0xF9,0xA4,0xB0,0x99,0x92,0x82,0xF8,0x80,0x90,0x88,0x83,0xC6,0xA1,
0x86,0x8E};
/*********************************************
    延时子函数
    *********************************************/
void delay(uint z)
```

```
{
    uint x, y;
    for(x=z;x>0;x--)
    for(y=110;y>0;y--);
}
/* * * * * * * * * * * * * * * * * * * * * * * * * * * * * * * * * * * * * * * * *
        显示子函数
        * * * * * * * * * * * * * * * * * * * * * * * * * * * * * * * * * * * * * * */
void display(uint key)
{
    SBUF=table[key];
    while(! TI);            //判断数据是否发送完成
    TI=0;                   //数据允许发送标志位清0，允许数据发送
    delay(1);               //延时发送
}
/* * * * * * * * * * * * * * * * * * * * * * * * * * * * * * * * * * * * * * * * *
        初始化子函数
        * * * * * * * * * * * * * * * * * * * * * * * * * * * * * * * * * * * * * * */
void init()
{
    flag=0;                 //中断未发生，标志位初值设置为0
    SCON=0;                 //设置串口工作方式为0
    TI=0;                   //数据允许发送标志位清0，允许数据发送
    IT0=1;                  //外部中断0为下降沿触发
    EX0=1;                  //开外部中断
    EA=1;                   //开总中断
}
/* * * * * * * * * * * * * * * * * * * * * * * * * * * * * * * * * * * * * * * * *
        主函数
        * * * * * * * * * * * * * * * * * * * * * * * * * * * * * * * * * * * * * * */
void main( )
{
    init();                 //初始化
    while(1)
    {
        while(flag==1)   //判断是否有中断产生
        {
            display(key);
            key++;
            if(key==16) key=0;
            flag=0;
        }
    }
}
```

```
/ * * * * * * * * * * * * * * * * * * * * * * * * * * * * * * * * * *
     外部中断函数
  * * * * * * * * * * * * * * * * * * * * * * * * * * * * * * * * * */
void k（） interrupt 0
{
    flag＝1;                //中断产生，标志位置1
}
```

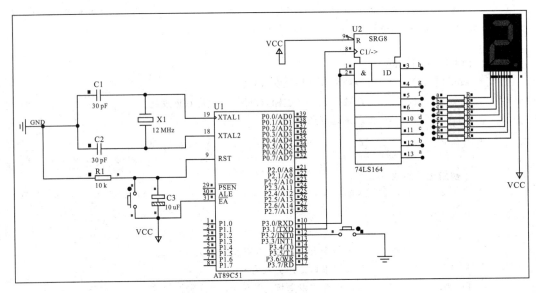

图 6-14　串口控制数码管显示十六进制字符的仿真效果图

◇ **任务结论**

通过任务实施结果可以看出，单片机串口在工作方式 0 下将字形码不断发送给 74LS164，从而实现了数码管的显示。

任务 6-2　实现 PC 与单片机串行接口通信

◇ **任务目的**

串行口通信调试是比较困难的工作，因为只有当通信双方的硬件和软件都正确无误时才能成功地通信。可以采用分别调试的方法，即按通信规约双方各自调试好，然后再联调。设计串行口调试程序，其功能是对串行口的工作方式编程，然后在串行口上输出字符串：'MCS-51 Microcomputer'，接着从串行口上输入字符，又将输入的字符从串行口上输出，将 PC 终端键盘上输入的字符在屏幕上显示出来。这个功能实现以后，串行口的硬件和串行口的编程部分就调试成功了，接着便可以按通信规约，实现单片机和终端之间串行通信，完成通信软件的调试工作。

◇ **任务准备**

设备及软件：万用表、计算机、Keil μVision4 软件、Proteus 软件。

◇ **任务实施**

1. 任务分析

任务电路 Proteus 原理图如图 6 - 15 所示，用 MAX232 芯片，外加 9 芯串口插座，组成与 PC 通信接口电路。先用 PC 终端来进行单片机通信口的调试。只要方式设置正确，一般通信会成功，因为 PC 终端已具有正常的通信功能。如果通信不正常，就应该是单片机部分引起的。

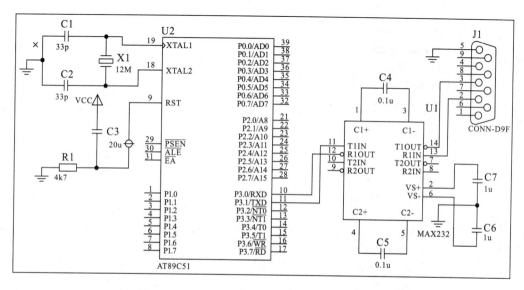

图 6 - 15　PC 与单片机串行接口通信电路原理图

2. 软件仿真

（1）打开 Keil 软件，在软件中输入任务程序，对程序进行编译，直至没有错误，并生成相应的 hex 文件。

（2）在 Keil C 中输入以上程序汇编通过后，全速运行该程序，仿真时，打开（Peripherale/Serial）串行口通道（Serial Channel），如图 6 - 16 所示。

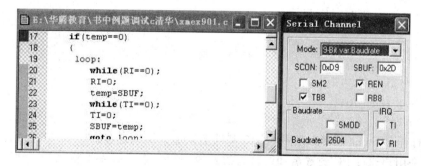

图 6 - 16　串行口调试图

由图 6-16 可见串行口通道窗口中有各种标志位，程序每次运行到 TSO3 时，要在 TI 前的复选框选中"√"，程序才继续运行。将 A 中数送到串口缓冲器（SBUF）中，可在 SBUF 文本框中看到传入的数据。每选中一次"√"传送一个数。

参考程序如下：

```
# include <reg51.h>
# define uchar unsigned char
# define uint unsigned int
uchar code asab[]={'M', 'S', 'C', '-', 'M', 'i', 'c', 'r', 'o', 'c', 'o', 'm', 'p', 'u', 't',
'e', 'r', 0x0a, 0x0d, 0};


void main()
{
    uchar i, temp;
    TMOD=0x20;          //定时器1方式2
    TL1=0xe8;
    TH1=0xe8;
    SCON=0xda;
    TR1=1;
    i=0;
next:
    temp=asab[i];
    if(temp==0)
    {
    loop:
        while(RI==0);
        RI=0;
        temp=SBUF;
        while(TI==0);
        TI=0;
        SBUF=temp;
        goto loop;
    }
    else
    {
        while(TI==0);
        TI=0;
        SBUF=temp;
        i++;
    }
    goto next;
}
```

（3）打开 Proteus 软件，在图 6-15 基础上添加虚拟终端，如图 6-17 所示。VSM 虚拟终端允许用户通过 PC 的键盘和屏幕与仿真微处理器系统收发 RS-232 异步串行数据。在显示用户编写程序产生的调试/跟踪信息时非常有用。

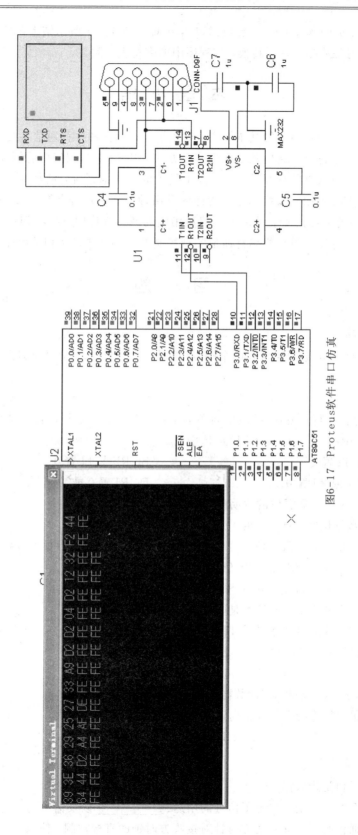

图6-17　Proteus软件串口仿真

（4）导入生成的 hex 文件，全速运行后，出现如图 6-17 所示结果，即在虚拟终端显示传输的数据，但是数据进行了转换，与程序中的字符不一致。

本 章 小 结

本章先阐述了串行通信的基本概念，对比了串行通信和并行通信各自的特点。接着详细说明了单片机串行口的结构及工作方式。方式 0 用于对串口扩展为并行 I/O 口，可以实现串行数据和并行数据的相互转换；方式 1 用于双机通信系统，波特率可调；方式 2 可用于多机通信系统也可用于双机通信，波特率有两种选择，分别为 $f_{osc}/32$ 和 $f_{osc}/64$；方式 3 同方式 2，其波特率可按要求设定。在编写相应的通信程序时，应特别注意通信双方的协议及约定。最后介绍了单片机串行通信实现控制的基本方法以及相关程序的设计。

习 题

一、选择题

1. 串行通信中，数据通常在两个端点（点对点）之间进行传送，可以进行同时双向流动的传送模式是（　　）。

A. 单工　　　　　　　B. 半双工　　　　　　C. 全双　　　　　　　D. 直通

2. 51 单片机串行口发送/接收中断源的工作过程是：当串行口接收或发送完一帧数据时，将 SCON 中的（　　），向 CPU 申请中断。

A. RI 或 TI 置 1　　　　　　　　　　　B. RI 或 TI 置 0

C. RI 置 1 或 TI 置 0　　　　　　　　　D. RI 置 0 或 TI 置 1

3. 以下有关第 9 数据位的说明中，错误的是（　　）。

A. 第 9 数据位的功能可由用户定义

B. 发送数据的第 9 数据位内容在 SCON 寄存器的 TB8 位中预先准备好

C. 帧发送时使用指令把 TB8 位的状态送入发送 SBUF

D. 接收到的第 9 数据位送入 SCON 寄存器的 RB8 中

4. 串行工作方式 1 的波特率是（　　）。

A. 固定的，为时钟频率的 1/12

B. 固定的，为时钟频率的 1/32

C. 固定的，为时钟频率的 1/64

D. 可变的，通过定时器/计数器的溢出率设定

5 当 51 单片机进行多机通信时，串行接口的工作方式应选择（　　）。

A. 方式 0　　　　　　　B. 方式 1　　　　　　C. 方式 2　　　　　　D. 方式 0 或方式 2

二、填空题

1. 串行通信是指数据_____地顺序传输的通信方式。

2. RS-232 标准主要规定了信号的用途、_____以及信号的_____。

3. 同步通信时要建立发送方时钟对接收方时钟的直接控制，使双方达到_____。

4. 异步通信的每帧数据由 4 部分组成：起始位、_____、奇偶校验位、_____。

5. 串行口的方式_____和方式_____具有多机通信功能。

6. SCON 的 SM2 是多机通信控制位，主要用于方式_____和方式_____，若置 SM2＝_____，则允许多机通信。

7. TB8 是发送数据的第_____位，在方式 2 或方式 3 中，根据发送数据的需要由软件置位或复位。它在许多通信协议中可用做_____，在多机通信中作为发送_____的标志位。

8. RB8 是接收数据的第_____位，在方式 2 或方式 3 中，它或是约定的_____，或是约定的地址/数据标识位。

9. 在满足串行接口接收中断标志位 RI＝_____的条件下，置允许接收位 REN＝_____，就会接收一帧数据进入移位寄存器，并装载到接收 SBUF 中。

10. 多机串口通信时，所有从机的 SM2＝_____，都处于只接收_____的状态。

三、简答题

1. 串行通信和并行通信各有什么特点？

2. 51 单片机和串口相关的寄存器有哪些？各有什么作用？

3. 简述利用串行口进行多机通信的原理。

四、程序设计题

1. 若 f_{osc}＝6 MHz，波特率为 2400 波特，设 SMOD＝1，则 T1 的计数初值为多少？试进行初始化编程。

2. 两个 51 单片机之间用方式 1 进行串行通信，A 机并行采集外部开关的输入，然后串行传输给 B 机；B 机接收后并行输出控制数码管各段发光状态。画出电路原理图，并给出完整的程序。

第7章　单片机接口技术

在工业控制、智能仪表、家用电器等领域，单片机应用系统需要配接数码管、液晶屏、键盘等外接器件。接口技术用于解决单片机与外接器件的信息传输问题，以完成初始设置、数据输入，以及控制量输出、结果存储和显示等功能。本章主要介绍 MCS-51 单片机与 LED 数码管、键盘、LCD 液晶等接口技术及其应用的实例。

7.1　LED 数码管接口技术

LED 数码管具有显示清晰、亮度高、响应速度快、使用电压低、寿命长的特点，因此使用非常广泛，是单片机应用系统中常用的显示器件之一。

7.1.1　LED 数码管的原理

LED 数码管显示数字和符号的原理与用火柴棒拼写数字非常类似，用几个发光二极管也可以拼成各种各样的数字和图形，LED 数码管就是通过控制对应的发光二极管来显示数字的。图 7-1 所示为常见数码管的实物图，其结构如图 7-2 所示。数码管实际上是由 7 个发光二极管组成的一个 8 字形，还有另外一个发光二极管做成圆点形，主要作为显示数据的小数点使用，这样一共使用了 8 个发光二极管，所以叫 8 段 LED 数码管。这些段分别由字母 a、b、c、d、e、f、g 和 dp 来表示。当给这些数码管特定的段加上电压后，这些特定的段就会发亮，以显示出各种数字和图形。通过 7 个发光段的不同组合，可以显示 0～9 和 A～F 共 16 个字母和数字，从而实现十六进制的显示。如果要显示一个"5"字，那么应该使 f、g、c、d 和 a 亮，而 e、b 和 dp 不亮。

图 7-1　常见数码管的实物图

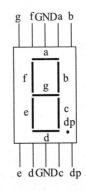

图 7-2　常见数码管结构

在引脚分布中，COM 脚为 8 个发光二极管的公共引脚，a～g 和 dp 脚为 7 个条形发光二极管和圆点发光二极管的另一端引脚。按照公共端的形成方式，数码管分共阳极数码管和共阴极数码管两种，它们的内部结构如图 7-3、图 7-4 所示。

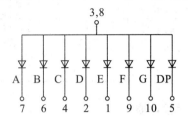

图 7-3 共阳极数码管内部结构图

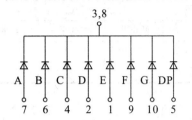

图 7-4 共阴极数码管内部结构图

共阳极数码管中，各发光二极管的阴极引出，分别为数码管的 a～dp 脚，发光二极管的阳极接在一起，由 COM 引脚引出。

共阴极数码管中，各发光二极管的阳极引出，分别为数码管的 a～dp 脚，发光二极管的阴极接在一起，由 COM 引脚引出。

所谓共阳极数码管，就是它们的公共端（也叫做 COM 端）接正极；反之，公共端接地，则为共阴极数码管。

7.1.2 接口电路与段码控制

共阳极数码管和单片机的接口电路原理图如图 7-5 所示。三极管的导通状态受 P2.0 引脚的输出电平控制，其集电极为数码管的共阳极端。P0.0～P0.7 引脚的输出电平可以控制数码管各字段的亮灭状态，只要让 P0 口输出规定的控制信号，就可以使这些字段按照要求亮灭，显示出不同的数字。

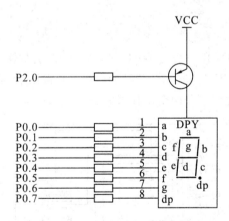

图 7-5 共阳极数码管和单片机的接口电路原理图

下面以数字"5"的显示为例，介绍数码管显示数字的方法。要显示数字"5"，数码管中亮的字段应当是 a、f、g、c 和 d，即数码管的输入端 a、f、g、c 和 d 需要通低电平；而字段 b、e 和 dp 不亮，即数码管的输入端 b、e 和 dp 通高电平。如果将字段 a、b、c、d、e、f、g 和 dp 分别接在 P0.0、P0.1、P0.2、P0.3、P0.4、P0.5、P0.6 和 P0.7 这 8 个单片机引脚上，则各引脚输出的电平信号见表 7-1。根据表 7-1，可得 P0=10010010B=92H，即只要让单片机 P0 口输出"0x92"，就可以让数码管显示数字"5"。同样，可得出所有数字的段码，结果见表 7-2。

表 7 - 1 共阳极数数码管显示数字"5"的字段控制信号表

字段	a	b	c	d	e	f	g	dp
电平	低电平	高电平	低电平	低电平	高电平	低电平	低电平	高电平
对应引脚	P0.0	P0.1	P0.2	P0.3	P0.4	P0.5	P0.6	P0.7
输出信号	0	1	0	0	1	0	0	1

表 7 - 2 共阳极数码管段码表

数字	0	1	2	3	4	5	6	7	8	9	●(小数点)
段码	0xc0	0x19	0xa4	0xb0	0x99	0x92	0x82	0xf8	0x80	0x90	0x7f

任务 7 - 1 用 LED 数码管显示数字"5"

◇ 任务目的

用 LED 数码管显示数字"5",接口电路及运行效果如图 7 - 1 所示(采用 7SEG - COM - AN - GRN 型数码管)。

◇ 任务准备

设备及软件：万用表、计算机、Keil μVision4 软件、Proteus 软件。

◇ 任务实施

1. 任务分析

图 7 - 6 中数码管的电源由三极管 Q1 提供,当 P2.0 引脚输出低电平"0"时,Q1 导通,数码管通电。然后只要让 P0 口输出数字"5"的段码,并将该段码送到数码管相应接口,即可显示出数字"5"。整个过程可分两个步骤来完成。

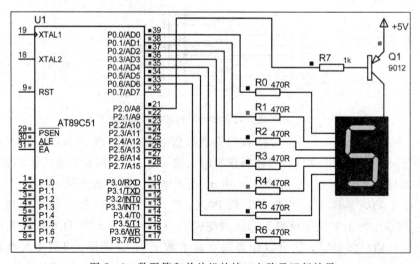

图 7 - 6 数码管和单片机的接口电路及运行效果

（1）由 P2.0 引脚输出低电平点亮数码管。

　　　P2＝0xfe；　//P2＝11111110B，P2.0 引脚输出低电平，点亮数码管

（2）P0 口输出数字的段码。

　　　P0＝0x92；　//0x92 是数字"5"的段码

2. 程序设计

先建立一个文件夹，然后建立"LED Segment Displays"工程项目，最后建立源程序文件"LED Segment Displays. c"。输入如下源程序：

```
//用 LED 数码管显示数字 5
#include<reg51. h>　//包含 51 单片机寄存器定义的头文件
void main(void)
{
  P2＝0xfe；　　//P2.0 引脚输出低电平，数码管接通电源，准备点亮
  P0＝0x92；　　//让 P0 口输出数字"5"的段码 92H
}
```

3. 用 Proteus 软件仿真

经 Keil 软件编译通过后，可利用 Proteus 软件进行仿真。在 Proteus ISIS 编辑环境中绘制仿真电路图，将编译好的 hex 文件载入 AT89C51。启动仿真，即可看到图 7 - 6 中的数码管显示出数字"5"。

任务 7 - 2　4 位共阳极数码管的动态扫描显示

◇ 任务目的

使用 4 位数码管动态扫描显示数字"1234"，接口电路及运行效果如图 7 - 7 所示。

◇ 任务准备

设备及软件：万用表、计算机、Keil μVision4 软件、Proteus 软件。

◇ 任务实施

1. 任务分析

要用数码管显示多位数字，可采用如图 7 - 7 所示的接口电路。图中电压表不能去掉，否则仿真结果不正确，这是由于仿真软件某些特性与实物不一致所致，因此仿真软件的仿真结果仅作学习参考。图中数码管的字段控制端口都接在 P0 口，而位选（电源）控制端口则分别接在 P2 口的不同引脚。如果编程时让 P2.0～P2.3 引脚都输出低电平，那么这 4 个数码管将同时通电，并显示同一个数字（因为 P0 口在某一时刻只能输出一个数字的段码），这样不能满足显示要求。若要动态扫描显示数字"1234"，可先给数码管的第 1 位通电，显示数字"1"，然后延时一段时间；关断第 1 位数码的电源，接着再给数码管的第 2 位通电，显示数字"2"，延时一段时间；关断第 2 位数码的电源，接着再给数码管的第 3 位通电，显示数

字"3"，延时一段时间；类似地，待显示完数字"4"后，再重新开始循环显示。利用人眼的"视觉暂留"效应，采用循环高速扫描的方式，分时轮流选通各数码管的 COM 端，使各位数码管轮流显示。当扫描速度达到一定程度时，人眼就分辨不出来了。尽管实际上各位数码管并非同时点亮，但只要扫描的速度足够快，给人的印象就是一组稳定的显示数据，认为各数码管是同时发光的。所以编程的关键是显示数字后的延时时间要足够短（如小于 5 ms）。

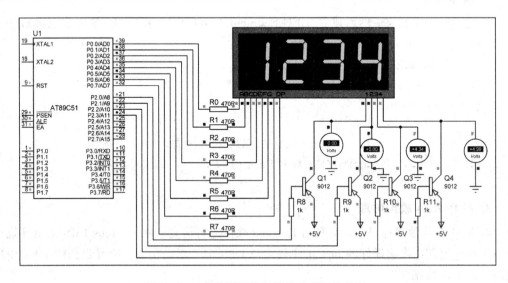

图 7-7　4 位共阳极数码管的动态扫描显示

2. 程序设计

先建立一个文件夹，然后建立"Digital Tube Dynamic Scanning"工程项目，最后建立源程序文件"Digital Tube Dynamic Scanning. c"。输入如下源程序：

```
//数码管动态扫描显示实验
#include<reg51. h>
sbit A1=P2^0;
sbit A2=P2^1;
sbit A3=P2^2;
sbit A4=P2^3;
#define SEGMENT P0
/* * * * * * * * * * * * * * * * * * * * * * * * * * * * * * * * * * * * * *
函数功能：延时 1ms
(3j+2) * i=(3×33+2)×10=1010(微秒)，可以认为是 1 ms
 * * * * * * * * * * * * * * * * * * * * * * * * * * * * * * * * * * * * * */
void delay1ms()
{    unsigned char i, j;
        for(i=0;i<10;i++)
            for(j=0;j<33;j++);
}
/* * * * * * * * * * * * * * * * * * * * * * * * * * * * * * * * * * * * * *
函数功能：延时若干毫秒
```

入口参数：n

* /

```
void delay(unsigned char n)
{    unsigned char i;
     for(i=0;i<n;i++)
          delay1ms();
}
unsigned char code table1[]={0xc0,0xf9,0xa4,0xb0,0x99,0x92,0x82,
            0xf8,0x80,0x90,0x88,0x83,0xc6,0xa1,0x86,0x8e};   //共阳极数码管
//unsigned char code table2[]={0x3f,0x06,0x5b,0x4f,0x66,0x6d,0x7d,
//              0x07,0x7f,0x6f,0x77,0x7c,0x39,0x5e,0x79,0x71};   //共阴极数码管
void display()
{    A1 = 1;
     A2 = 1;
     A3 = 1;
     A4 = 1;
     SEGMENT = table1[1]; //"1"的段码
     A1 = 0;
     delay(5);
     SEGMENT= 0xff;       //关闭段显示

     A1 = 1;
     A2 = 1;
     A3 = 1;
     A4 = 1;
     SEGMENT = table1[2]; //"2"的段码
     A2 = 0;
     delay(5);
     SEGMENT= 0xff;       //关闭段显示

     A1 = 1;
     A2 = 1;
     A3 = 1;
     A4 = 1;
     SEGMENT = table1[3]; //"3"的段码
     A3 = 0;
     delay(5);
     SEGMENT= 0xff;       //关闭段显示

     A1 = 1;
     A2 = 1;
     A3 = 1;
     A4 = 1;
```

```
        SEGMENT = table1[4];  //"4"的段码
        A4 = 0;
        delay(5);
        SEGMENT = 0xff;       //关闭段显示
    }
void main()
{
    while(1)
    {
        display();
    }
}
```

3. 用 Proteus 软件仿真

经 Keil 软件编译通过后，可利用 Proteus 软件进行仿真。在 Proteus ISIS 编辑环境中绘制仿真电路图，将编译好的 hex 文件载入 AT89C51。启动仿真，即可看到图 7－7 中的数码管显示出数字"1234"。

7.2　点阵 LED 接口技术

我们经常会看到一些 LED 点阵的广告牌，这些点阵的广告牌看起来绚烂夺目，非常吸引人，而且还有很多种不同的显示方式。本节我们就来学习点阵 LED 的应用技术。

7.2.1　点阵的初步认识

点阵 LED 显示屏作为一种现代电子媒体，具有灵活的显示面积（可任意分割和拼装）、高亮度、长寿命、数字化、实时性等特点，应用非常广泛。一个 8×8 的点阵 LED 如图7－8 所示，它由 64 个 LED 组成，它的内部结构原理图如图 7－9 所示。

图 7－8　8×8 的点阵 LED 实物图

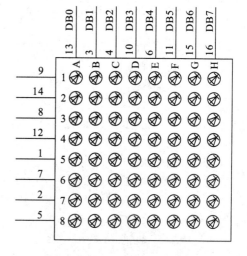

图 7－9　8×8 点阵结构原理图

从 8×8 点阵结构原理图上可以看出，点阵 LED 点亮原理还是很简单的。图中大方框左侧的 8 个引脚接内部 LED 的阳极，上侧的 8 个引脚接内部 LED 的阴极。那么如果我们把 9 脚置成高电平、13 脚置成低电平，左上角的那个 LED 小灯就会亮了。同样的方法，通过对相应端口的整体赋值我们可以一次点亮点阵的一行，利用与数码管动态扫描显示类似的原理可以把整个点阵全部点亮或者有选择性地点亮某些点(像素)。

7.2.2　点阵的图形显示概述

在显示数字、字母或图形的时候，需要由单片机送出数据给 LED 点阵的各共阳极，这些数据通过专用取模软件来提取，非常方便。下面介绍一款简单的字模提取软件"字模精灵 V1.0"。其他取模软件原理类同，读者可以上网搜索。

如图 7－10 所示，首先设置字体，字体设置为"宋体"、字形设置为"常规"、大小设置为"小五"。在输入字符中输入要提取字模的字符"1"，在参数中分别选择"C51 格式"、"字节正序"、"横向取模"，然后单击"取模"按钮，即可生成如图 7－10 所示的显示数据。在生成的 12 个字节数据中，我们选取中间的 8 个字节数据。

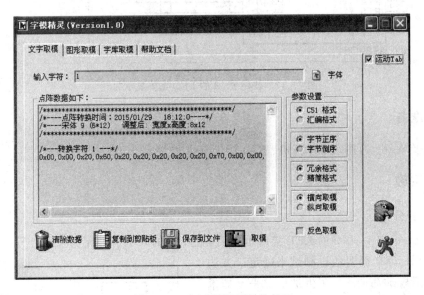

图 7－10　"字模精灵"软件界面

对于 8×8 的点阵来说，我们可以显示一些简单的图形、字符等。但大部分汉字通常要用到 16×16 个点，8×8 的点阵只能显示一些简单笔画的汉字，读者可以自己取模做出来试试看。使用大屏显示汉字的方法和小屏的方法是类似的，所需要做的只是按照相同的原理来扩展行数和列数而已。

任务 7－3　使用 LED 点阵显示"1"

◇ 任务目的

使用 8×8 的 LED 点阵显示数字"1"，接口电路及运行效果如图 7－11 所示。

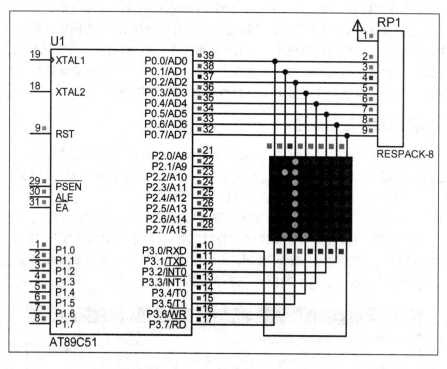

图 7 - 11　使用 8×8 的 LED 点阵显示"1"

◇ 任务准备

设备及软件：万用表、计算机、Keil μVision4 软件、Proteus 软件。

◇ 任务实施

1. 任务分析

在 Proteus 中，8×8 的 LED 点阵取出后，上、下的 8 个引脚究竟哪个是行线，哪个是列线，并无标示，需要通过测试来确定。方法很简单，阳极加高电平，阴极加低电平。如果行列判断正确，总会有二极管被点亮，如果不正确，则交换高、低电平的位置即可。元件取出后，先不对元件进行旋转或镜像操作，按图 7 - 12 接线，即假定上面引脚为阴极，下面引脚为阳极。运行仿真，如果出现如图 7 - 12 所示的仿真结果，说明元件在初始状态时，上面 8 个引脚为阴极，下面 8 个引脚为阳极。本设计中用到的 LED 点阵为上阴极、下阳极的接线方式。软件编程方面和数码管的动态扫描的原理类似。

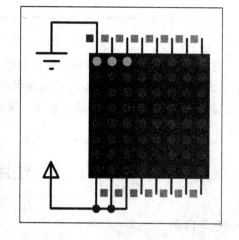

图 7 - 12　8×8 LED 点阵引脚测试

2. 程序设计

先建立一个文件夹，然后建立"LED Matrix Module"工程项目，最后建立源程序文件"LED Matrix Module. c"。输入如下源程序：

```
//使用 8×8 的 LED 点阵显示"1"
#include <reg51. h>
unsigned char code matrix[] = {0x20, 0x60, 0x20, 0x20, 0x20, 0x20, 0x20, 0x70};
/* * * * * * * * * * * * * * * * * * * * * * * * * * * * * * * * * * * * *
函数功能：延时 1ms
(3j+2) * i=(3×33+2)×10=1010(μs), 可以认为是 1 ms
* * * * * * * * * * * * * * * * * * * * * * * * * * * * * * * * * * * * */
void delay1ms()
{
    unsigned char i, j;
        for(i=0;i<10;i++)
            for(j=0;j<33;j++);
}
/* * * * * * * * * * * * * * * * * * * * * * * * * * * * * * * * * * * * *
函数功能：延时若干毫秒
入口参数：n
* * * * * * * * * * * * * * * * * * * * * * * * * * * * * * * * * * * * */
void delay(unsigned char n)
{
    unsigned char i;
    for(i=0;i<n;i++)
        delay1ms();
}
void main(void)
{
    while(1)
    {
        unsigned char i = 0;
        unsigned char temp = 0x01;
        for(i = 0;i<8;i++)
        {
            P3 = matrix[i];      //列驱动，显示某一行的数据(对应需点亮的像素)
            P0 = ~temp;          //选通某一行
            temp <<= 1;          //为选通下一行做准备
            delay(1);            //数据显示一段时间
            P3 = 0;              //关闭列驱动
            P0 = 0xff;           //关闭行驱动
```

```
                }
            }
        }
```

3. 用 Proteus 软件仿真

经 Keil 软件编译通过后，可利用 Proteus 软件进行仿真。在 Proteus ISIS 编辑环境中绘制仿真电路图，将编译好的 hex 文件载入 AT89C51。启动仿真，即可看到图 7 - 11 中的 LED 点阵显示出数字"1"。

7.3 键盘接口技术

在单片机应用系统中，需要通过输入装置对系统进行初始设置和输入数据等操作，这些任务通常采用键盘来完成。键盘是单片机应用系统中最常用的输入设备之一，它是由若干按键按照一定规则组成的。每一个按键实际上是一个开关元件，按构造可分为有触点开关按钮和无触点开关按键两类。有触点开关按键有机械开关、弹片式微动开关、导电橡胶等；无触点开关按键有电容式按键、光电式按键和磁感应按键等。目前单片机应用系统中使用最多的键盘可分为编码键盘和非编码键盘。

编码键盘能够由硬件逻辑自动提供与被按键对应的编码，通常还有去抖动、多键识别等功能。这种键盘使用方便，但价格较贵，一般的单片机应用系统很少采用。非编码键盘只提供简单的行和列的矩阵，应用时由软件来识别键盘上的闭合键。它具有结构简单，使用灵活等特点，因此被广泛应用于单片机控制系统。在应用中，非编码键盘常用的类型有独立式(线性)键盘和矩阵(行列式)键盘。独立式键盘通常用于按键数目较少的场合，而后者适用于按键数目较多的场合。

7.3.1 独立式键盘的工作原理

当键盘的数目较少时，一般采用独立式接法，这也是 MCS - 51 单片机实现的最简单的键盘。

1. 接口电路

所谓的独立式键盘，是指每一个 I/O 端口上只接一个按键，按键的另一端接电源或接地(通常接地)，其实现原理是利用 I/O 端口读取端口的电平高低来判断是否有键按下。例如，通常将按键的一端接地，另一端接一个 I/O 端口，程序开始时将此 I/O 端口置于高电平，平时无键按下时 I/O 端口保持高电平，当有键按下时，此 I/O 端口与地短路，迫使 I/O 端口为低电平，按键释放后，单片机内部的上拉电阻使 I/O 端口又恢复为高电平。只要在程序中查询此 I/O 端口的电平状态就可以判断操作人员是否有按键、松键等操作了。

独立式键盘接口电路如图 7 - 13 所示，每一个按键对应 P1 口的一根线，各键是相互独立的。应用时，由软件来识别键盘上的键是否被按下。当某个键被按下时，该键对应的端口将由高电平变为低电平。反过来，如果检测到某端口为低电平，则可判断出该端口对应的按键被按下。所以，通过软件可判断出各按键是否被按下。

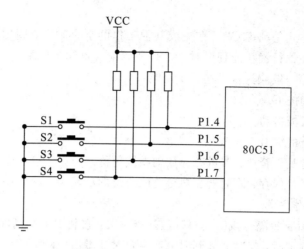

图 7 - 13　独立式键盘接口电路

2. 按键抖动的消除

单片机中应用的键盘一般是由机械触点构成的。在图 7 - 13 中，当开关 S1 未被按下时，P1.4 引脚输入信号为高电平；S1 闭合后，P1.4 引脚输入信号为低电平。由于按键是机械触点，当机械触点断开、闭合时，触点将有抖动，P1.4 引脚输入端的波形如图 7 - 14 所示。这种抖动对于人来说是感觉不到的，但对于单片机来说，则是完全可以感应到的。因为单片机处理的速度为微秒级，而机械抖动的时间至少是毫秒级，对单片机而言，这已是一个"漫长"的时间了。所以虽然只按了一次按键，但是单片机却检测到按了多次键，因而往往产生非预期的结果。

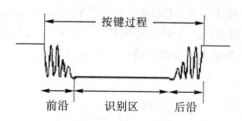

图 7 - 14　按键抖动产生的输入波形

为使单片机能够正确地读出键盘所接 I/O 口的状态，就必须考虑如何消抖。通常去除抖动影响的方法有硬件、软件两种，单片机中常用的消抖方法为软件消抖法。当单片机第一次检测到某口线为低电平时，不是立即认定其对应按键被按下，而是延时几十毫秒后再次检测该口线电平。如果仍为低电平，说明该按键确实被按下，这实际上是避开了按键按下时的抖动时间。而在检测到按键释放后再延时几十毫秒，消除后沿的抖动，然后再执行相应任务。不过一般情况下，即使不对按键释放的后沿进行处理，也能满足绝大多数场合的要求。

3. 键盘的工作方式

对键盘的响应取决于键盘的工作方式，键盘的工作方式应根据实际应用系统中 CPU 的工作状况而定，其选取的原则是既要保证 CPU 能及时响应按键操作，又不要过多占用 CPU 的工作时间。通常，键盘的工作方式有三种，即编程扫描、定时扫描和中断扫描。

1) 编程扫描工作方式

编程扫描工作方式是利用CPU在完成其他工作的空余时间，调用键盘扫描子程序来响应键输入要求。在执行键功能程序时，CPU不再响应键输入要求。

键盘扫描子程序一般应具备下述几个功能：

(1) 判别有无键按下。

(2) 消除键的机械抖动。

(3) 判断闭合键的键号。

(4) 判断闭合键是否释放，若没有释放则继续等待。

(5) 将闭合键键号保存，同时转去执行该闭合键的功能。

2) 定时扫描工作方式

定时扫描方式就是每隔一段时间对键盘扫描一次，它利用单片机内部的定时器产生一定时间(如10 ms)的定时，定时时间到时就产生定时器溢出中断。CPU响应中断后对键盘进行扫描，并在有键按下时识别出该键，再执行该键的功能程序。定时扫描工作方式的硬件电路与编程扫描工作方式的硬件电路相同。

3) 中断扫描工作方式

采用上述两种键盘扫描方式时，无论是否按键，CPU都要定时扫描键盘，而单片机应用系统工作时，并非经常需要键盘输入，因此，CPU经常处于空扫描状态。

为了提高CPU的工作效率，可采用中断扫描工作方式。即无键按下时，CPU处理自己的工作，当有键按下时，产生中断请求，CPU转去执行键盘扫描子程序，并识别键号。

中断扫描工作方式的一种简易键盘接口如图7-15所示。图中接有一个四输入端与门，其输入端分别与各列线相连，输出端接单片机外部中断输入$\overline{\text{INT0}}$。初始化时，使键盘行输出口全部置零。当有键按下时，$\overline{\text{INT0}}$端为低电平，向CPU发出中断申请，若CPU开放外部中断，则响应中断请求，进入中断服务程序。在中断服务程序中先保护现场，然后执行前面讨论的扫描式键盘输入子程序，最后恢复现场并返回。

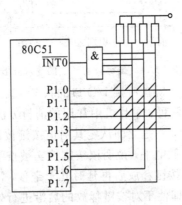

图7-15　中断扫描工作方式键盘接口

7.3.2　矩阵键盘的工作原理

利用MCS-51单片机的I/O端口连接独立式键盘，在按键个数较少的时候能够达到一定效果，但如果系统需要的按键个数比较多，则这种方式需要占用大量的I/O端口，如

16 个按键就要占用 16 个 I/O 端口，非常浪费系统资源。当系统需要按键的个数较多时，采用矩阵式键盘更合理，即利用 MCS‑51 单片机的 I/O 端口相互交叉构成键盘，这种方式不仅节省 I/O 端口，而且按键扫描和按键识别程序也比较简单。

1. 接口电路

在键盘中按键数量较多时，为了减少 I/O 口的占用，通常将按键排列成矩阵形式。例如，对于 16 个按键的键盘，可以按照图 7‑164 所示的 4×4 矩阵方式连接，即 4 根行线和 4 根列线，每个行线和列线交叉点处即为一个键位。4 根行线接 P1 口的低 4 位 I/O 口线，4 根列线接 P1 口的高 4 位 I/O 口线，共需 8 根 I/O 口线。

2. 工作原理

使用矩阵键盘的关键是如何判断按键值。根据图 7‑16 所示，如果已知 P1.0 引脚被置为低电平“0”，那么当按键 S1 被按下时，可以肯定 P1.4 引脚的信号必定变成低电平“0”；反之，如果已知 P1.0 引脚被置为低电平“0”，P1.1 引脚、P1.2 引脚和 P1.3 引脚被置为高电平，而单片机扫描到 P1.4 引脚为低电平“0”，则可以肯定 S1 键被按下。

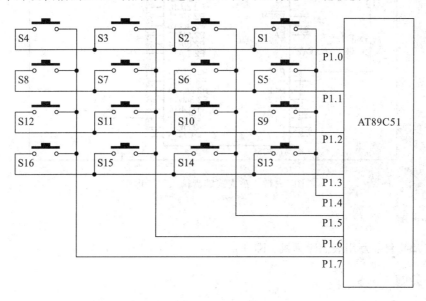

图 7‑16　矩阵键盘的接口电路

识别按键的基本过程如下：

（1）首先判断是否有键被按下。将全部行线（P1.0 引脚、P1.1 引脚、P1.2 引脚和 P1.3 引脚）置低电平“0”，全部列线置高电平“1”，然后检测列线的状态。只要有一列的电平为低，则表示键盘中有键被按下；若检测到所有列线均为高电平，则键盘中无键被按下。

（2）按键消抖。当判别到有键被按下后，调用延时子程序，执行后再次进行判别。若确认有键被按下，则开始第（3）步的按键识别，否则重新开始。

（3）按键识别。当有键被按下时，转入逐行扫描的方法来确定是哪一个键被按下。先扫描第一行，即先将第一行输出低电平“0”，然后读入列值，哪一列出现低电平“0”，则说明该列与第一行跨接的键被按下。若读入的列值全为“1”，则说明与第一行跨接的按键（S1～S4）均没有被按下。接着开始扫描第二行，依次类推，逐行扫描，直到找到被按下的键。

任务 7-4　无软件消抖的独立式键盘输入

◇ 任务目的

用按键 S1 控制发光二极管 D1 的工作状态（亮、灭）。每按下一次按键 S1 后，发光二极管 D1 的工作状态发生翻转，电路原理图如图 7-17 所示。

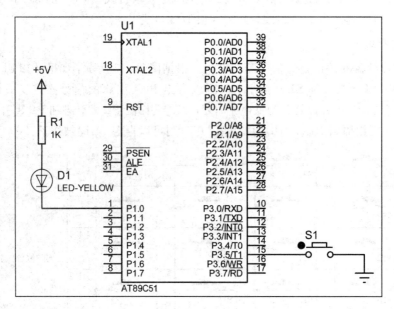

图 7-17　独立式键盘输入实验电路

◇ 任务准备

设备及软件：万用表、计算机、Keil μVision4 软件、Proteus 软件。

◇ 任务实施

1. 实现方法

将 P1.0 引脚电平初始化为低电平（D1 点亮），将 P3.5 引脚电平初始化为高电平，以后每按下一次按键 S1，让 P1.0 引脚输出电平翻转即可。

2. 程序设计

先建立一个文件夹，然后新建一个名称为"KEY1"的工程项目，最后建立源程序文件"KEY1. c"。

输入如下源程序：

```
//无软件消抖的独立式键盘输入实验
#include<reg51.h>        //包含 51 单片机寄存器定义的头文件
sbit S1=P3^5;            //将 S1 位定义为 P3.5 引脚
sbit LED1=P1^0;          //将 LED1 位定义为 P1.0 引脚
```

```
    void main(void)              //主函数
    {
        LED1=0;                  //P1.0 引脚输出低电平，LED1 点亮
        S1 = 1;                  //P3.5 引脚输出高电平，为按键 S1 的识别做准备
        while(1)
        {
            if(S1==0)            //当按键 S1 被按下时 P3.5 引脚为低电平
            {
                LED1=！LED1；//LED 的工作状态翻转
            }
        }
    }
```

3. 用 Proteus 软件仿真

经 Keil 软件编译通过后，可利用 Proteus 软件进行仿真。在 Proteus ISIS 编辑环境中绘制仿真电路图，将编译好的"KEY1.hex"文件载入 AT89C51。启动仿真，可以看到，当用鼠标按下 S1 键时，发光二极管 D1 亮灭状态的控制不能达到预期效果，常常需按多次按键，才能实现 D1 最终的工作状态发生翻转。

出现这种现象的原因是：程序没有进行按键消抖，从而使单片机实际检测到的按键次数不确定。

任务 7 - 5　采用软件消抖的独立式键盘输入

◇ 任务目的

用按键 S1 控制发光二极管 D1 的工作状态（亮、灭）。每按下一次按键 S1 后，发光二极管 D1 的工作状态发生翻转，电路原理图如图 7 - 17 所示。设计一段采用软件消抖的按键识别程序实现上述功能。

◇ 任务准备

设备及软件：万用表、计算机、Keil μVision4 软件、Proteus 软件。

◇ 任务实施

1. 实现方法

将 P1.0 引脚电平初始化为低电平（D1 点亮），将 P3.5 引脚电平初始化为高电平，之后检测按键 S1 是否闭合，若闭合则延时 20 ms 左右后再次检测按键的状态，若仍为闭合状态，则说明按键为有效闭合状态，让 P1.0 引脚输出电平翻转即可；否则说明为按键抖动引起的干扰，应不做处理，这样便有效消除了按键的抖动带来的误操作。

2. 程序设计

先建立一个文件夹，然后新建一个名称为"KEY2"的工程项目，最后建立源程序文件

"KEY2. c"。

输入如下源程序：

```c
//采用软件消抖的独立式键盘输入实验
#include<reg51.h>        //包含51单片机寄存器定义的头文件
sbit S1=P3^5;           //将S1位定义为P3.5引脚
sbit LED1=P1^0;         //将LED1位定义为P1.0引脚
/* * * * * * * * * * * * * * * * * * * * * * * * * * * * * * * * *
函数功能：延时1ms
(3j+2)*i=(3×33+2)×10=1010(微秒)，可以认为是1ms
* * * * * * * * * * * * * * * * * * * * * * * * * * * * * * * * */
void delay1ms()
{
    unsigned char i,j;
        for(i=0;i<10;i++)
            for(j=0;j<33;j++);
}
/* * * * * * * * * * * * * * * * * * * * * * * * * * * * * * * * *
函数功能：延时若干毫秒
入口参数：n
* * * * * * * * * * * * * * * * * * * * * * * * * * * * * * * * */
void delay(unsigned char n)
{
    unsigned char i;
    for(i=0;i<n;i++)
        delay1ms();
}

void main(void)                 //主函数
{
    LED1=0;                     //P1.0引脚输出低电平，LED1点亮
    S1 = 1;                     //P3.5引脚输出高电平，为按键S1的识别做准备
    while(1)
    {
        if(S1==0)               //当按键S1被按下时P3.5引脚为低电平
        {
            delay(20);          //延时20 ms，用于按键消抖
            if(S1==0)           //再次检测按键的状态
            {
                LED1=! LED1;    //LED的工作状态翻转
            }
        }
    }
}
```

3. 用 Proteus 软件仿真

经 Keil 软件编译通过后，可利用 Proteus 软件进行仿真。在 Proteus ISIS 编辑环境中绘制仿真电路图，将编译好的"KEY2.hex"文件载入 AT89C51。启动仿真，可以看到，当用鼠标点动按下 S1 键时，发光二极管 D1 亮灭状态的控制较好地达到了预期效果。

当长时间按下 S1 键时，发光二极管 D1 的工作状态不断翻转，若想避免这样的现象，可在程序中按键检测的部分，增加等待按键释放的语句。

7.4　字符型 LCD 液晶接口技术

普通的 LED 数码管只能用来显示数字，如果要显示英文、汉字或图像，则需要使用液晶显示器。液晶显示器的英文名称是 Liquid Crystal Display，简称 LCD。液晶显示器作为显示器件具有体积小、重量轻、功耗低等优点，所以 LCD 日渐成为各种便携式电子产品的理想显示器，如电子表、计算器上的显示器等。根据显示内容划分，LCD 可分为段型 LCD、字符型 LCD 和点阵型 LCD 三种。其中，字符型 LCD 以其价廉、显示内容丰富、美观、使用方便等特点，成为 LED 数码管的理想替代品。

市场上有各种不同厂商的字符显示类型的 LCD，但大部分的控制器都是使用同一块芯片来控制的，编号为 HD44780，或是兼容的控制芯片。

字符型液晶显示模块是一块专门用于显示字母、数字、符号等的点阵型液晶显示模块，在显示器件的电极图形设计上，它是由若干个 5×7 或 5×11 等点阵字符位组成的。每一个点阵型字符位都可以显示一个字符。点阵字符位之间空有一个点距的间隔，起到了字符间距和行距的作用。这类显示器把 LCD 控制器、点阵驱动器、字符存储器等做在一块板上，再与液晶屏一起组成一个显示模块。因此，这类显示器的安装与使用都非常简单。

目前常用的有 16 字×1 行、16 字×2 行、20 字×2 行和 40 字×2 行等字符模块。这些 LCD 虽然显示的字数各不相同，但都具有相同的输入/输出界面。型号通常用 XXX1602、XXX1604、XXX2002、XXX2004 等表示。对于 XXX1602，XXX 为商标名称；16 代表液晶每行可显示 16 个字符；02 表示共有 2 行，即这种显示器一共可显示 32 个字符。图 7-18 所示是某 1602 字符型 LCD 的外形图。

图 7-18　某 1602 字符型 LCD 的正反面照片

1. LCD 显示的原理

液晶显示的原理是利用液晶的物理特性，通过电压对显示区域进行控制，只要输入所需的控制电压，就可以显示出字符。LCD 能够显示字符的关键在于其控制器，目前大部分点阵型 LCD 都使用日立公司的 HD44780 集成电路作为控制器。

2. 1602 型 LCD 的特性

（1）5V 电压，反视度（明暗对比度）可调整。

（2）内含振荡电路，系统内含重置电路。

（3）提供各种控制命令，如清除显示器、字符闪烁、光标闪烁、显示移位等多种功能。

（4）显示用数据 DDRAM 共用 80B。

（5）字符发生器 CGROM 有 160 个 5×7 点阵字符。

（6）字符发生器 CGRAM 可由使用者自行定义 8 个 5×7 的点阵字符。

3. 1602 型 LCD 的引脚及功能

1 脚（VDD/VSS）：电源 5V 或接地。

2 脚（VSS/VDD）：接地或电源 5V。

3 脚（VEE）：对比度调整。使用可变电阻调整，通常接地。

4 脚（RS）：寄存器选择。高电平时选择数据寄存器、低电平时选择指令寄存器。

5 脚（R/$\overline{\text{W}}$）：读/写选择。高电平时进行读操作，低电平时进行写操作。当 RS 和 R/$\overline{\text{W}}$ 共同为低电平时可以写入指令或者显示地址；当 RS 为低电平、R/$\overline{\text{W}}$ 为高电平时可以读忙信号；当 RS 为高电平、R/$\overline{\text{W}}$ 为低电平时可以写入数据。

6 脚（E）：使能操作。高电平时 LCM 可做读写操作；低电平时 LCM 不能做读写操作。

7 脚（DB0）：双向数据总线的第 0 位。

8 脚（DB1）：双向数据总线的第 1 位。

9 脚（DB2）：双向数据总线的第 2 位。

10 脚（DB3）：双向数据总线的第 3 位。

11 脚（DB4）：双向数据总线的第 4 位。

12 脚（DB5）：双向数据总线的第 5 位。

13 脚（DB6）：双向数据总线的第 6 位。

14 脚（DB7）：双向数据总线的第 7 位。

15 脚（VDD）：背光显示器电源＋5V。

16 脚（VSS）：背光显示器接地。

说明：由于生产 LCD 的厂商众多，使用时应注意电源引脚 1、2 的不同。LCD 数据读写方式可以分为 8 位及 4 位两种，以 8 位数据进行读写则 DB7～DB0 都有效，若以 4 位方式进行读写则只用到 DB7～DB4。

4. LCD 的控制器 HD44780 的特点

HD44780 的内部组成结构如图 7-19 所示。HD44780 的特点总结如下：

（1）HD44780 不仅可作为控制器，而且还具有驱动 40×16 点阵液晶像素的能力，并且 HD44780 的驱动能力可通过外接驱动器扩展 360 列驱动。

（2）HD44780 的显示缓冲区及用户自定义的字符发生器 CGRAM 全部内藏在芯片内。

（3）HD44780 具有适用于 M6800 系列 MCU 的接口，并且接口数据传输可为 8 位数据传输和 4 位数据传输两种方式。

（4）HD44780 具有简单而功能较强的指令集，可实现字符移动、闪烁等显示功能。

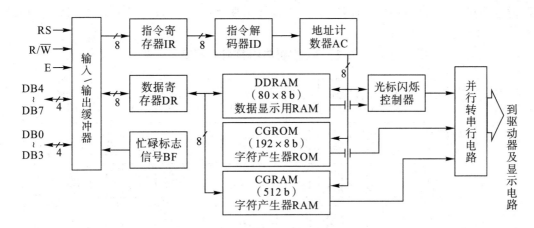

图 7-19　HD44780 的内部组成结构

由于 HD44780 的 DDRAM 容量有限，HD44780 可控制的字符为每行 80 个字，也就是 5×80＝400 点。HD44780 内藏有 16 路行驱动器和 40 路列驱动器，所以 HD44780 本身就具有驱动 16×40 点阵 LCD 的能力（即单行 16 个字符或两行 8 个字符）。

5. LCD 的控制器 HD44780 的工作原理

1）DDRAM——数据显示用 RAM

DDRAM 是数据显示用 RAM(Data Display RAM)。DDRAM 用来存放我们要 LCD 显示的数据，只要将标准的 ASCII 码送入 DDRAM，内部控制电路就会自动将数据传送到显示器上，如要 LCD 显示字符 A，则我们只需将 ASCII 码 41H 存入 DDRAM 即可。DDRAM 有 80B(字节)空间，共可显示 80 个字(每个字为 1 个字节)，其存储器地址与实际显示位置的排列顺序与 LCD 的型号有关。1602 液晶屏的 RAM 地址映射图如图 7-20 所示。1602 型 LCD 字符显示位置的确定方法规定为"80H＋地址码(00～0FH，40～4FH)"。例如，要将某字符显示在第 2 行第 6 列，则确定地址的指令代码应为 80H＋45H＝C5H。

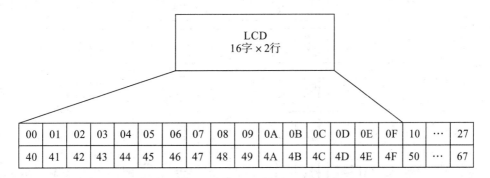

图 7-20　1602 液晶屏的 RAM 地址映射图

2）CGROM——字符产生器 ROM

CGROM 是字符产生器 ROM(Character Generator ROM)。CGROM 储存了 192 个 5×7 的点阵字符。CGROM 的字符要经过内部电路的转换才会传到显示器上，仅能读出不可写入。字符的排列方式与标准的 ASCII 码相同，如字符码 31H 为 1 字符，字符码 41H 为 A 字符。如我们要在 LCD 中显示 A，就是将 A 的 ASCII 代码 41H 写入 DDRAM 中，同时电路到 CGROM 中将 A 的字符点阵数据找出来显示在 LCD 上。字符与字符码对照表如表 7 - 3 所示。

表 7 - 3 字符与字符码对照表

高4位 / 低4位	0000 (0)	0010 (2)	0011 (3)	0100 (4)	0101 (5)	0110 (6)	0111 (7)	1010 (A)	1011 (B)	1100 (C)	1101 (D)	1110 (E)	1111 (F)
××××0000 (0)	CGRAM (1)		@	P	`	p		—	タ	ミ		p
××××0001 (1)		!	1	A	Q	a	q	。	ア	チ	ム		q
××××0010 (2)		"	2	B	R	b	r	「	イ	ツ	メ		θ
××××0011 (3)		#	3	C	S	c	s	」	ウ	テ	モ		∞
××××0100 (4)		$	4	D	T	d	t	、	エ	ト	ヤ		Ω
××××0101 (5)		%	5	E	U	e	u	・	オ	ナ	ユ		ü
××××0110 (6)		&	6	F	V	f	v	ヲ	カ	ニ	ヨ		Σ
××××0111 (7)		'	7	G	W	g	w	ア	キ	ヌ	ラ		π
××××1000 (8)		(	8	H	X	h	x	ィ	ク	ネ	リ		x̄
××××1001 (9)		)	9	I	Y	i	y	ゥ	ケ	ノ	ル		y
××××1010 (A)		*	:	J	Z	j	z	ェ	コ	ハ	レ		j
××××1011 (B)		+	;	K	[	k	{	ォ	サ	ヒ	ロ		万
××××1100 (C)		,	<	L	¥	l			ャ	シ	フ	ワ		円
××××1101 (D)		—	=	M	]	m	}	ュ	ス	ヘ	ン		÷
××××1110 (E)		.	>	N	^	n	→	ョ	セ	ホ	゛	
××××1111 (F)		/	?	O	_	o	←	ッ	ソ	マ	゜		▇

3) CGRAM——字符产生器 RAM

CGRAM 即字符产生器 RAM(Character Generator RAM)。CGRAM 是供使用者储存自行设计的特殊造型的造型码 RAM 的。CGRAM 共有 512b(64 字节)。一个 5×7 点阵字符占用 8×8b，所以 CGRAM 最多可存 8 个造型。

4) IR——指令寄存器

IR 是指令寄存器(Instruction Register)。IR 负责储存 MCU 要写给 LCD 的指令码。当 MCU 要发送一个命令到 IR 时，必须要控制 LCD 的 RS、$R/\overline{W}$ 及 E 这三个引脚，当 RS 及 $R/\overline{W}$ 引脚信号为 0，E 引脚信号由 1 变为 0 时，就会把在 DB0～DB7 引脚上的数据送入 IR。

5) DR——数据寄存器

DR 是数据寄存器(Data Register)。DR 负责储存 MCU 要写到 CGRAM 或 DDRAM 的数据，或储存 MCU 要从 CGRAM 或 DDRAM 读出的数据，因此 DR 可视为一个数据缓冲区，它也是由 LCD 的 RS、$R/\overline{W}$ 及 E 等三个引脚来控制的。当 RS 及 $R/\overline{W}$ 引脚信号为 1，E 接脚信号由 1 变为 0 时，LCD 会将 DR 内的数据由 DB0～DB7 输出以供 MCU 读取；当 RS 引脚信号为 1，$R/\overline{W}$ 引脚信号为 0，E 引脚信号由 1 变为 0 时，就会把在 DB0～DB7 引脚上的数据存入 DR。

6) BF——忙碌标志信号

BF 是忙碌标志信号(Busy Flag)。BF 的功能是告诉 MCU，LCD 内部是否正忙着处理数据。当 BF＝1 时，表示 LCD 内部正在处理数据，不能接受 MCU 送来的指令或数据。LCD 设置 BF 的原因为：MCU 处理一个指令的时间很短，只需几微秒左右，而 LCD 得花上 40 μs～1.64 ms 的时间，所以 MCU 要写数据或指令到 LCD 之前，必须先查看 BF 是否为 0。

7) AC——地址计数器

AC 是地址计数器(Address Counter)。AC 的工作是负责计数写到 CGRAM、DDRAM 数据的地址，或从 DDRAM、CGRAM 读出数据的地址。使用地址设定指令写到 IR 后，则地址数据会经过指令解码器 ID(Instruction Decoder)再存入 AC。当 MCU 从 DDRAM 或 CGRAM 存取资料时，AC 依照 MCU 对 LCD 的操作而自动地修改它的地址计数值。

6. LCD 控制器的指令

用 MCU 来控制 LCD 模块，方式十分简单。LCD 模块其内部可以看成两组寄存器：一组为指令寄存器；一组为数据寄存器，由 RS 引脚来控制。所有对指令寄存器或数据寄存器的存取均需检查 LCD 内部的忙碌标志 BF，此标志用来告知 LCD 目前的工作情况，以及是否允许接收控制命令。而此位的检查可以令 RS＝0，用读取 DB7 来加以判断，当此 DB7 为 0 时，才可以写入指令或数据寄存器。LCD 控制器的指令共有 11 组，分别如下：

(1) 清除显示器，如表 7-4 所示。

表 7-4　清除显示器指令

RS	$R/\overline{W}$	E	DB7	DB6	DB5	DB4	DB3	DB2	DB1	DB0
0	0	1	0	0	0	0	0	0	0	1

指令代码为 01H，将 DDRAM 数据全部填入"空白"的 ASCII 代码为 20H，执行此指令将清除显示器的内容，同时光标移到左上角。

（2）光标归位设定，如表 7-5 所示。

表 7-5　光标归位设定指令

RS	R/$\overline{\text{W}}$	E	DB7	DB6	DB5	DB4	DB3	DB2	DB1	DB0
0	0	1	0	0	0	0	0	0	1	*

指令代码为 02H，地址计数器被清 0，DDRAM 数据不变，光标移到左上角。* 表示可以为 0 或 1。

（3）设定字符进入模式，如表 7-6 所示。

表 7-6　设定字符进入模式指令

RS	R/$\overline{\text{W}}$	E	DB7	DB6	DB5	DB4	DB3	DB2	DB1	DB0
0	0	1	0	0	0	0	0	1	I/D	S

I/D 与 S 值对应的工作情形如表 7-7 所示。

表 7-7　I/D 与 S 值对应的工作情形

I/D	S	工 作 情 形
0	0	光标左移一格，AC 值减 1，字符全部不动
0	1	光标不动，AC 值减 1，字符全部右移一格
1	0	光标右移一格，AC 值加 1，字符全部不动
1	1	光标不动，AC 值加 1，字符全部左移一格

（4）显示屏开关，如表 7-8 所示。

表 7-8　显示屏开关指令

RS	R/$\overline{\text{W}}$	E	DB7	DB6	DB5	DB4	DB3	DB2	DB1	DB0
0	0	1	0	0	0	0	1	D	C	B

D：显示屏开启或关闭控制位。D=1 时，显示屏开启；D=0 时，显示屏关闭，但显示数据仍保存于 DDRAM 中。

C：光标出现控制位。C=1 时，光标会出现在地址计数器所指的位置；C=0 时，光标不出现。

B：光标闪烁控制位。B=1 时，光标出现后会闪烁；B=0 时，光标不闪烁。

（5）显示光标移位，如表 7-9 所示。

表 7-9　显示光标移位指令

RS	R/$\overline{\text{W}}$	E	DB7	DB6	DB5	DB4	DB3	DB2	DB1	DB0
0	0	1	0	0	0	1	S/C	R/L	*	*

注：* 表示可以为 0 或 1。

S/C 与 R/L 值对应的工作情形如表 7-10 所示。

表 7 - 10　S/C 与 R/L 值对应的工作情形

S/C	R/L	工作情形
0	0	光标左移一格，AC 值减 1
0	1	光标右移一格，AC 值加 1
1	0	字符和光标同时左移一格
1	1	字符和光标同时右移一格

（6）功能设定，如表 7 - 11 所示。

表 7 - 11　功能设定指令

RS	R/$\overline{W}$	E	DB7	DB6	DB5	DB4	DB3	DB2	DB1	DB0
0	0	1	0	0	1	DL	N	F	*	*

注：* 表示可以为 0 或 1。

DL：数据长度选择位。DL＝1 时，为 8 位（DB7～DB0）数据转移；DL＝0 时，为 4 位数据转移，使用 DB7～DB4 位，分两次送入一个完整的字符数据。

N：显示屏为单行或双行选择。N＝1 为双行显示；N＝0 为单行显示。

F：大小字符显示选择。当 F＝1 时，为 5×10 字形（有的产品无此功能）；当 F＝0 时，为 5×7 字形。

（7）CGRAM 地址设定，如表 7 - 12 所示。

表 7 - 12　CGRAM 地址设定指令

RS	R/$\overline{W}$	E	DB7	DB6	DB5	DB4	DB3	DB2	DB1	DB0
0	0	1	0	1	A5	A4	A3	A2	A1	A0

该指令用于设定下一个要读写数据的 CGRAM 地址（A5～A0）。

（8）DDRAM 地址设定，如表 7 - 13 所示。

表 7 - 13　DDRAM 地址设定指令

RS	R/$\overline{W}$	E	DB7	DB6	DB5	DB4	DB3	DB2	DB1	DB0
0	0	1	1	A6	A5	A4	A3	A2	A1	A0

该指令用于设定下一个要读写数据的 DDRAM 地址（A6～A0）。

（9）忙碌标志 BF 或 AC 地址读取，如表 7 - 14 所示。

表 7 - 14　BF 或 AC 地址读取指令

RS	R/$\overline{W}$	E	DB7	DB6	DB5	DB4	DB3	DB2	DB1	DB0
0	1	1	BF	A6	A5	A4	A3	A2	A1	A0

LCD 的忙碌标志 BF 用以指示 LCD 目前的工作情况。当 BF＝1 时，表示正在做内部数据的处理，不接受 MCU 送来的指令或数据；当 BF＝0 时，表示已准备接收命令或数据。当程序读取此数据的内容时，DB7 表示忙碌标志，而 DB6～DB0 的值表示 CGRAM 或 DDRAM 中的地址，至于是指向哪一地址，则根据最后写入的地址设定指令而定。

（10）写数据到 CGRAM 或 DDRAM 中，如表 7 - 15 所示。

表 7 - 15　写数据到 CGRAM 或 DDRAM 中指令

RS	R/$\overline{\text{W}}$	E	DB7	DB6	DB5	DB4	DB3	DB2	DB1	DB0
1	0	1								

先设定 CGRAM 或 DDRAM 的地址，再将数据写入 DB7～DB0 中，以使 LCD 显示出字形。也可将使用者自创的图形存入 CGRAM。

（11）从 CGRAM 或 DDRAM 中读取数据，如表 7 - 16 所示。

表 7 - 16　从 CGRAM 或 DDRAM 中读取数据指令

RS	R/$\overline{\text{W}}$	E	DB7	DB6	DB5	DB4	DB3	DB2	DB1	DB0
1	1	1								

先设定 CGRAM 或 DDRAM 地址，再读取其中的数据。

7. 控制器接口时序说明（HD44780 及兼容芯片）

控制 LCD 所使用的芯片 HD44780 的读写周期约为 1 μs 左右，这与 8051 MCU 的读写周期相当，所以很容易与 MCU 相互配合使用。

读操作时序如图 7 - 21 所示。

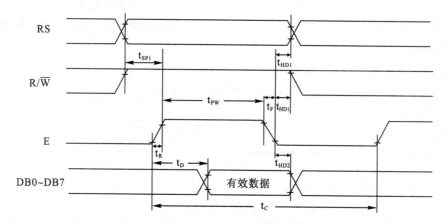

图 7 - 21　控制器接口读操作时序

写操作时序如图 7 - 22 所示。

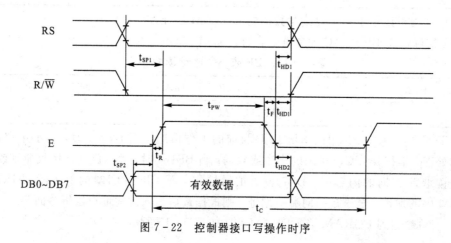

图 7 - 22　控制器接口写操作时序

时序参数如表 7 - 17 所示。

表 7 - 17　控制器接口时序参数

时序参数	符号	极限值			单位	测试条件
		最小值	典型值	最大值		
E 信号周期	t_C	400	—	—	ns	引脚 E
E 脉冲宽度	t_{PW}	150	—	—	ns	
E 上升沿/下降沿时间	t_R, t_F	—	—	25	ns	
地址建立时间	t_{SP1}	30	—	—	ns	引脚 E、RS、R/$\overline{W}$
地址保持时间	t_{HD1}	10	—	—	ns	
数据建立时间(读操作)	t_D	—	—	100	ns	引脚 DB0~DB7
数据保持时间(读操作)	t_{HD2}	20	—	—	ns	
数据建立时间(写操作)	t_{SP2}	40	—	—	ns	
数据保持时间(写操作)	t_{HD2}	10	—	—	ns	

8. 1602 型 LCD 的读写操作

LCD 是一个慢显示器件，所以在写每条指令前一定要先读 LCD 的忙碌状态。如果 LCD 正忙于处理其他指令，就等待；如果不忙，则执行写指令。为此，1602 型 LCD 专门设了一个忙碌标志位 BF，该位连接在 8 位双向数据线的 DB7 位上。如果 BF 为低电平"O"，则表示 LCD 不忙；如果 BF 为高电平"1"，则表示 LCD 处于忙碌状态，需要等待。假定 1602 型 LCD 的 8 位双向数据线(DB0~DB7)是通过单片机的 P0 口进行数据传递的，那么只要检测 P0 口的 P0.7 引脚电平(DB7 连 P0.7)就可以知道忙碌标志位 BF 的状态。

假设 LCD 的 RS、R/$\overline{W}$ 和 E 三个端口分别接在 P2.0 引脚、P2.1 引脚和 P2.2 引脚，只要通过编程对这 3 个引脚置"0"或"1"，就可以实现对 1602 型 LCD 的读写操作。具体来说，显示一个字符的操作过程为"读状态→写指令→写数据→自动显示"。

1) 读状态(忙碌检测)

要将待显示的字符(实际上是其标准 ASCII 码)写入液晶模块，首先就要检测 LCD 是否忙碌，这要通过读 1602 型 LCD 的状态来实现，即"欲写先读"。忙碌检测函数如下：

```
/* * * * * * * * * * * * * * * * * * * * * * * * * * * * * * * * * * * *
函数功能：判断液晶模块的忙碌状态
返回值：result。result=1,忙碌;result=0,不忙
* * * * * * * * * * * * * * * * * * * * * * * * * * * * * * * * * * * */
unsigned char BusyTest(void)
{
    bit result;
    RS=0;          //根据规定，RS 为低电平，R/W为高电平时，可以读状态
    RW=1;
    E=1;           //E=1,才允许读写
    _nop_();       //空操作
    _nop_();
    _nop_();
```

```
        _nop_();      //空操作 4 个机器周期，给硬件反应时间
        result=BF;    //将忙碌标志电平赋给 result(之前已定义：sbit BF=P0-7;)
        E=0;
        return result;
    }
```

忙碌检测函数用于检测忙碌标志位 BF 的电平(P0.7 引脚电平)。BF=1 时，表示忙碌，不能执行写命令；BF=0 时，表示不忙，可以执行写命令。

2) 写指令

写指令包括写显示模式控制指令和写入地址。写指令函数如下：

```
/* * * * * * * * * * * * * * * * * * * * * * * * * * * * * * * * * * * *
函数功能：将模式设置指令或显示地址写入液晶模块
入口参数：dictate
* * * * * * * * * * * * * * * * * * * * * * * * * * * * * * * * * * * * * * /
void WriteInstruction (unsigned char dictate)
{
        while(BusyTest()==1);  //如果忙就等待
        RS=0;            //根据规定，RS 和 R/W̄ 同时为低电平时，可以写入指令
        RW=0;
        E=0;             //E 置低电平(写指令时，E 为高脉冲，
                         //就是让 E 从 0 到 1 发生正跳变，所以应先置"0")
        _nop_();
        _nop_();         //空操作 2 个机器周期，给硬件反应时间
        P0=dictate;      //将数据送入 P0 口，即写入指令或地址
        _nop_();
        _nop_();
        _nop_();
        _nop_();         //空操作 4 个机器周期，给硬件反应时间
        E=1;             //E 置高电平
        _nop_();
        _nop_();
        _nop_();
        _nop_();         //空操作 4 个机器周期，给硬件反应时间
        E=0;             //当 E 由高电平跳变成低电平时，液晶模块开始执行命令
    }
```

3) 写数据

写数据实际是将待显字符的标准 ASCII 码写入 LCD 的数据显示用存储器(DD RAM)。写数据函数如下：

```
/* * * * * * * * * * * * * * * * * * * * * * * * * * * * * * * * * * * * *
函数功能：将数据(字符的标准 ASCII 码)写入液晶模块
入口参数：y(为字符常量)
* * * * * * * * * * * * * * * * * * * * * * * * * * * * * * * * * * * * * * /
void WriteData(unsigned char y)
{
```

```
while(BusyTest()==1);
RS=1;                 //RS 为高电平,R/W̅ 为低电平时,可以写入数据
RW=0;
E=0;                  //E 置低电平(写指令时,E 为高脉冲,就是让 E 从 0 到 1 发生正跳变,
                      // 所以应先置"0")
P0=y;                 //将数据送入 P0 口,即将数据写入液晶模块
_nop_();
_nop_();
_nop_();
_nop_();              //空操作 4 个机器周期,给硬件反应时间
E=1;                  //E 置高电平
_nop_();
_nop_();
_nop_();
_nop_();              //空操作 4 个机器周期,给硬件反应时间
E=0;                  //当 E 由高电平跳变成低电平时,液晶模块开始执行命令
}
```

4) 自动显示

数据写入液晶模块后,字符产生器(CG ROM)将自动读出字符的字形点阵数据,并将字符显示在液晶屏上。这个过程由 LCD 自动完成,无需人工干预。

9. 通常推荐的初始化过程

延时 15 ms

写指令 38H　(不检测忙信号)

延时 5 ms

写指令 38H　(不检测忙信号)

延时 5 ms

写指令 38H　(不检测忙信号)

延时 5 ms

(以后每次写指令、读/写数据操作之前均需检测忙信号)

写指令 38H:显示模式设置

写指令 08H:显示关闭

写指令 01H:显示清屏

写指令 06H:显示光标移动设置

写指令 0CH:显示开及光标设置

任务 7 - 6　用 LCD 显示字符"MCU"

◆ 任务目的

使用 1602 字符型 LCD 显示字符"MCU",采用的接口电路原理图如图 7 - 23 所示,要

求在 1602 字符型 LCD 的第 1 行显示大写英文字母"MCU"。显示模式设置如下：

(1) 16×2 显示、5×7 点阵、8 位数据接口。

(2) 显示开、有光标且光标闪烁。

(3) 光标右移，字符不移。

注意：绘制仿真原理图时用 LM016L 型 LCD。

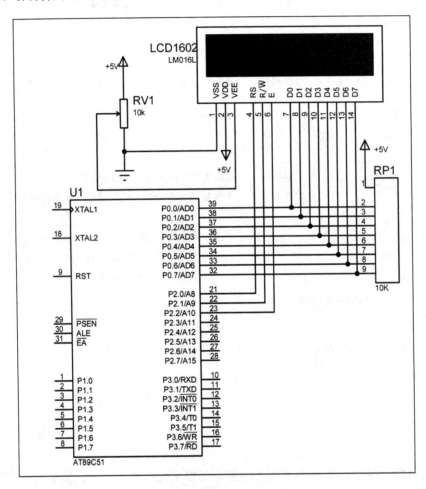

图 7-23　1602 字符型 LCD 显示电路

◇ 任务准备

设备及软件：万用表、计算机、Keil μVision4 软件、Proteus 软件。

◇ 任务实施

1. 实现方法

字符"MCU"的显示可分 5 个步骤来完成：

(1) 初始化 LCD；

(2) 检测忙碌状态；

（3）写地址；

（4）写数据；

（5）自动显示。

2. 程序设计

先建立一个新文件夹，然后建立"LCD1602"工程项目，最后建立源程序文件"LCD1602.c"。程序设计范例源代码如下：

```
//用 LCD1602 显示字符"MCU"
#include<reg51.h>          //包含单片机寄存器的头文件
#include<intrins.h>        //包含_nop_()函数定义的头文件
sbit RS=P2^0;              //寄存器选择位，将 RS 位定义为 P2.0 引脚
sbit RW=P2^1;              //读写选择位，将 R/W̄ 位定义为 P2.1 引脚
sbit E=P2^2;               //使能信号位，将 E 位定义为 P2.2 引脚
sbit BF=P0^7;              //忙碌标志位，将 BF 位定义为 P0.7 引脚
/* * * * * * * * * * * * * * * * * * * * * * * * * * * * * * * * * *
函数功能：延时 1 ms
(3j+2) * i=(3×33+2)×10=1010(μs)，可以认为是 1 ms
 * * * * * * * * * * * * * * * * * * * * * * * * * * * * * * * * */
void delay1ms()
{
    unsigned char i, j;
        for(i=0;i<10;i++)
            for(j=0;j<33;j++);
}
/* * * * * * * * * * * * * * * * * * * * * * * * * * * * * * * * * *
函数功能：延时若干毫秒
入口参数：n
 * * * * * * * * * * * * * * * * * * * * * * * * * * * * * * * * */
void delay(unsigned char n)
{
    unsigned char i;
    for(i=0;i<n;i++)
        delay1ms();
}
/* * * * * * * * * * * * * * * * * * * * * * * * * * * * * * * * * *
函数功能：判断液晶模块的忙碌状态
返回值：result。result=1，忙碌；result=0，不忙
 * * * * * * * * * * * * * * * * * * * * * * * * * * * * * * * * */
unsigned char BusyTest(void)
{
    bit result;
    RS=0;                  //根据规定，RS 为低电平，R/W̄ 为高电平时，可以读状态
    RW=1;
```

```
    E=1;                    //E=1，才允许读写
    _nop_();                //空操作
    _nop_();
    _nop_();
    _nop_();                //空操作4个机器周期，给硬件反应时间
    result=BF;              //将忙碌标志电平赋给result
    E=0;
    return result;
}
```
/* *

函数功能：将模式设置指令或显示地址写入液晶模块

入口参数：dictate

* */
```
void WriteInstruction (unsigned char dictate)
{
    while(BusyTest()==1);   //如果忙就等待
    RS=0;                   //根据规定，RS和R/W同时为低电平时，可以写入指令
    RW=0;
    E=0;                    //E置低电平(写指令时，E为高脉冲，就是让E从0到1发生
                            //正跳变，所以应先置"0")
    _nop_();
    _nop_();                //空操作2个机器周期，给硬件反应时间
    P0=dictate;             //将数据送入P0口，即写入指令或地址
    _nop_();
    _nop_();
    _nop_();
    _nop_();                //空操作4个机器周期，给硬件反应时间
    E=1;                    //E置高电平
    _nop_();
    _nop_();
    _nop_();
    _nop_();                //空操作4个机器周期，给硬件反应时间
    E=0;                    //当E由高电平跳变成低电平时，液晶模块开始执行命令
}
```
/* *

函数功能：指定字符显示的实际地址

入口参数：x

* */
```
void WriteAddress(unsigned char x)
{
    WriteInstruction(x|0x80);//显示位置的确定方法规定为"80H＋地址码x"
}
```
/* *

函数功能：将数据(字符的标准 ASCII 码)写入液晶模块

入口参数：y(为字符常量)

```
* * * * * * * * * * * * * * * * * * * * * * * * * * * * * * * * * * * * * * */
void WriteData(unsigned char y)
{
    while(BusyTest()==1);
    RS=1;                    //RS 为高电平，R/W̄ 为低电平时，可以写入数据
    RW=0;
    E=0;                     //E 置低电平(写指令时，E 为高脉冲，就是让 E 从 0 到 1 发生
                             //正跳变，所以应先置"0")
    P0=y;                    //将数据送入 P0 口，即将数据写入液晶模块
    _nop_();
    _nop_();
    _nop_();
    _nop_();                 //空操作 4 个机器周期，给硬件反应时间
    E=1;                     //E 置高电平
    _nop_();
    _nop_();
    _nop_();
    _nop_();                 //空操作 4 个机器周期，给硬件反应时间
    E=0;                     //当 E 由高电平跳变成低电平时，液晶模块开始执行命令
}
/* * * * * * * * * * * * * * * * * * * * * * * * * * * * * * * * * * * * * *
```

函数功能：对 LCD 的显示模式进行初始化设置

```
* * * * * * * * * * * * * * * * * * * * * * * * * * * * * * * * * * * * * */
void LcdInitiate(void)
{
    delay(15);               //延时 15ms，首次写指令时应给 LCD 一段较长的反应时间
    WriteInstruction(0x38);  //显示模式设置：16×2 显示，5×7 点阵，8 位数据接口
    delay(5);                //延时 5ms
    WriteInstruction(0x38);
    delay(5);
    WriteInstruction(0x38);
    delay(5);
    WriteInstruction(0x0f);  //显示模式设置：显示开，有光标，光标闪烁
    delay(5);
    WriteInstruction(0x06);  //显示模式设置：光标右移，字符不移
    delay(5);
    WriteInstruction(0x01);  //清屏幕指令，将以前的显示内容清除
    delay(5);
}
void main(void)             //主函数
```

```
    {
        LcdInitiate();                //调用 LCD 初始化函数
        WriteAddress(0x07);           //将显示地址指定为第 1 行第 8 列
        WriteData('M');               //将字符常量'M'写入液晶模块
        WriteData('C');               //将字符常量'C'写入液晶模块
        WriteData('U');               //将字符常量'U'写入液晶模块
        while(1);                     //在此无限循环等待，避免程序跑飞
    }
```

3. 用 Proteus 软件仿真

经 Keil 软件编译通过后，可利用 Proteus 软件进行仿真。在 Proteus ISIS 编辑环境中绘制仿真电路图，将编译好的"LCD1602.hex"文件载入 AT89C51。启动仿真，即可看到 LCD 上显示出字符"MCU"，仿真效果如图 7 - 24 所示。

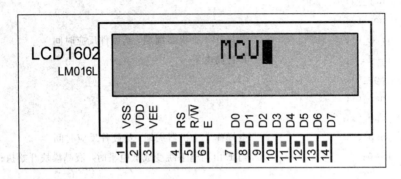

图 7 - 24　LCD 显示电路仿真效果图

本 章 小 结

数码管、键盘、LCD 在实际工程中采用广泛，因此，掌握数码管、键盘、LCD 的接口技术是十分必要的。本章介绍了数码管、键盘、LCD 的简单应用技术，在实际工作中还需要更深入地学习相关知识，如按键的软件消抖、矩阵按键的软件设计、12864 型液晶屏的应用等，请读者多查阅相关资料，多动手实践。

习　　题

一、填空题

1. 数码管分_____极数码管和_____极数码管两种。

2. 通常去除抖动影响的方法有硬件、软件两种，单片机中常用的消抖方法为_____消抖法。

3. 键盘的工作方式通常有三种，即编程扫描、定时扫描和_____扫描。

4. 1602 字体型 LCD 每行可显示_____个字符，共有_____行，即这种显示器一共可显示_____个字符。

二、选择题

1. 常见数码管的段数是(　　　)。

A. 8 段　　　　　　B. 6 段　　　　　　C. 10 段　　　　　　D. 16 段

2. 12864 型 LCD 共有(　　　)。

A. 128 个像素　　　B. 8192 个像素　　　C. 64 个像素　　　　D. 1280 个像素

三、判断题

1. 共阴极数码管的公共端通常接电源。　　　　　　　　　　　　　　　　(　　　)

2. 数码管内部的发光二极管的导通电压通常为 0.7 V。　　　　　　　　　(　　　)

3. 当按键数量较多时，为了减少 I/O 口的占用，通常将按键排列成矩阵形式。

(　　　)

4. 1602 字符型 LCD 的正常工作电压为 12V。　　　　　　　　　　　　(　　　)

5. 1602 字符型 LCD 可以显示汉字。　　　　　　　　　　　　　　　　(　　　)

6. 键盘的工作方式应根据实际应用系统中 CPU 的工作状况而定，其选取的原则是既要保证 CPU 能及时响应按键操作，又不要过多占用 CPU 的工作时间。　　(　　　)

四、综合设计题

1. 用 1 位 LED 数码管循环显示数字 0～9，结果用 Proteus 软件仿真验证。

2. 用 4 位数码管慢速动态扫描显示数字"1234"，结果用 Proteus 软件仿真验证。

3. 用 4 位数码管快速动态扫描显示数字"1234"，结果用 Proteus 软件仿真验证。

4. 设计一个秒表，采用两位数码管分别显示秒表的十位和个位。显示时间为 0～59 s。满 60 s 时，秒表自动清 0 并重新从 0 开始显示。

5. 利用 4 位一体的时钟数码管设计一个可以显示小时、分钟的数码时钟，要求具备时间校准功能。

6. 利用 1602 字符型 LCD 设计一个可以显示小时、分钟、秒的电子时钟，要求具备时间校准功能。

第8章　单片机模/数和数/模器件的应用

8.1　模/数(A/D)转换器件

在工业控制和智能化仪表中,常用单片机进行实时控制及实时数据处理。由于单片机所能处理的信息必须是数字量,而控制或测量对象的有关参量往往是连续变化的模拟量,如温度、电压、速度和压力等,因此必须将模拟量转换成数字量。模拟量转换成数字量的过程就是模/数(A/D)转换,能够实现模/数(A/D)转换的设备称为 A/D 转换器或 ADC。

8.1.1　A/D转换基本知识

A/D 转换过程如图 8-1 所示。这个转化过程可以由专用的集成芯片完成,非常方便。A/D 转换器分为逐次逼近式 A/D 转换器、双积分式 A/D 转换器、并行式 A/D 转换器和跟踪比较式 A/D 转换器。并行式 A/D 转换器是一种用编码技术实现的高速 A/D 转换器,其速度快,价格也高,常用于视频信号处理等场合;逐次逼近式 A/D 转换器在精度、价格和速度上都适中,是目前最常用的 A/D 转换器;双积分式 A/D 转换器具有精度高、抗干扰性好、价格低廉等优点,但速度较慢,常用于对速度要求不高的仪器仪表中。

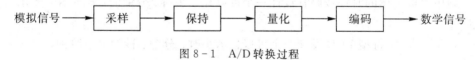

模拟信号　——→　采样　——→　保持　——→　量化　——→　编码　——→　数学信号

图 8-1　A/D 转换过程

生活中有很多 A/D 转换的例子,只是没有在单片机领域里应用而已。

模拟量是指变量在一定范围内连续变化的量,也就是在一定范围内可以取任意值的量。比如米尺,在 0 到 1 米之间,可以是任意值。此处的任意值,可以是 1 cm,也可以是 1.001 cm,当然也可以是 10.000…cm,后边可以有无限个小数。总之,任何两个数字之间都有无限个中间值,所以称之为连续变化的量,也就是模拟量。

米尺被人为地做上了刻度符号,每两个刻度之间的间隔是 1 mm,这个刻度实际上就是对模拟量的数字化,由于有一定的间隔,不是连续的,所以在专业领域里我们称之为离散的。ADC 起的就是把连续的信号用离散的数字表达出来的作用。我们可以使用米尺这个"ADC"来测量连续的长度或者高度这些模拟量。图 8-2 所示为一个简单的米尺刻度示意图。

往杯子里倒水,水位会随着倒入的水量的多少而变化。

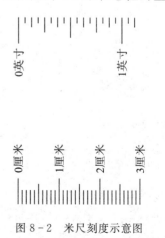

图 8-2　米尺刻度示意图

现在就用这个米尺来测量杯子里水位的高度。水位变化是连续的，而我们只能通过尺子上的刻度来读取水位的高度，从而获取我们想得到的水位的数字量信息。这个过程就可以简单理解为电路中的 ADC 采样。

A/D 转换器的主要技术指标有以下几个：

（1）转换时间。从接到转换控制信号开始到输出端得到稳定的数字输出信号为止的这段时间称为转换时间。

（2）分辨率。分辨率又称为分解度，表示转换器对微小输入量变化的敏感程度，通常用转换器输出数字量的位数来表示。输出量的位数越多，说明输入量变化的误差越小，转换精度越高。例如，8 位 A/D 转换器的数字输出量的变化范围为 0~255，当输入电压的满刻度为 5 V 时，数字量每变化一个数字，所对应输入模拟电压的值为 5 V/255＝19.6 mV，分辨能力就是 19.6 mV。当检测信号要求较高时，需采用分辨率高的 A/D 转换器。目前常用的 A/D 转换集成芯片的转换位数有 8 位、10 位、12 位和 14 位等。

（3）转换精度。转换精度又称为相对精度，是指转换后所得的结果相对于实际值的准确度，可以用满量程的百分比来表示，如±0.05%。

（4）转换速度。通常用完成一次转换所用的时间来表示转换速度。

（5）输入模拟电压范围。ADC 的输入模拟电压有一个可变范围，否则不能正常工作，通常单极性输入时为 0~5 V 或 0~10 V，双极性输入时为－5~＋5 V。

8.1.2　ADC0804

ADC0804 是一个早期的 A/D 转换器，因其价格低廉而在要求不高的场合得到广泛应用。ADC0804 是用 CMOS 集成工艺制成的逐次比较型模/数转换芯片，是一个 8 位、单通道、低价格 A/D 转换器，主要特点是：模/数转换时间大约为 100 μs；方便的 TTL 或 CMOS 标准接口；可以满足差分电压的输入；具有参考电压输入端；内含时钟发生器；单电源工作时(0~5 V)输入信号电压范围是 0~5 V；不需要调零；等等。该芯片内有输出数据锁存器，当与计算机连接时，转换电路的输出可以直接连接在 CPU 数据总线上，无须附加逻辑接口电路。

ADC0804 有 20 个引脚，如图 8-3所示。

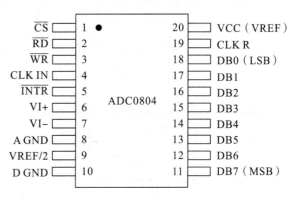

图 8-3　ADC0804 的引脚排列

各引脚功能如下：

CLK IN：时钟输入引脚。ADC0804 使用 RC 振荡器作为 A/D 时钟，CLK IN 是振荡器的输入端。

$\overline{CS}$：片选信号，低电平有效，高电平时芯片不工作。

$\overline{WR}$：写信号输入端。此信号的上升沿可启动 ADC0804 的 A/D 转换过程。

$\overline{RD}$：读信号输入端。此信号低电平时，ADC0804 把转化完成的数据加载到 DB 口。

$\overline{INTR}$：转换结束输出信号端。ADC0804 完成一次 A/D 转换后，此引脚输出一个低脉冲。对单片机可以称为中断触发信号。

VI＋：输入信号电压的正极。

VI－：输入信号电压的负极。可以连接到电源地。

A GND：模拟电源的地线。

VREF/2：参考电源输入端。参考电源取输入信号电压（最大值）的二分之一。

D GND：数字电源的地线。

DB7～DB0：数字信号的输出口，连接单片机的数据总线。

CLK R：时钟输入端。

VCC：5V 电源接地端。

ADC0804 启动数据转换时序图如图 8－4 所示。ADC0804 读数据时序图如图 8－5 所示。ADC0804 转换时序是：当 $\overline{CS}=0$ 时许可进行 A/D 转换。$\overline{WR}$ 由低到高时，A/D 开始转换。$\overline{CS}$ 与 $\overline{WR}$ 同时有效时启动 A/D 转换，转换结束产生 $\overline{INTR}$ 信号（低电平有效），可供查询或者中断信号。在 $\overline{CS}$ 和 $\overline{RD}$ 的控制下可以读取数据结果。

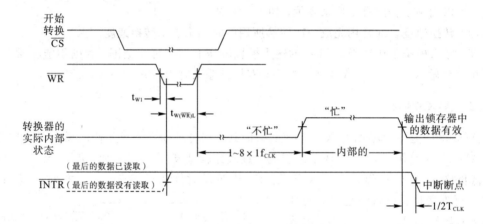

图 8－4　ADC0804 启动数据转换时序图

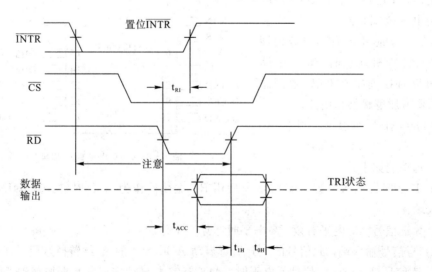

图 8－5　ADC0804 读数据时序图

　　图 8-6 所示电路是 ADC0804 应用的一个简单实例，实现的功能是将电位器中心抽头的模拟电压值转换为数字信号，并用 LED 进行显示。利用 Proteus 的仿真功能对其进行仿真测试，观察 LED 的显示状态和电位器调整的关系。

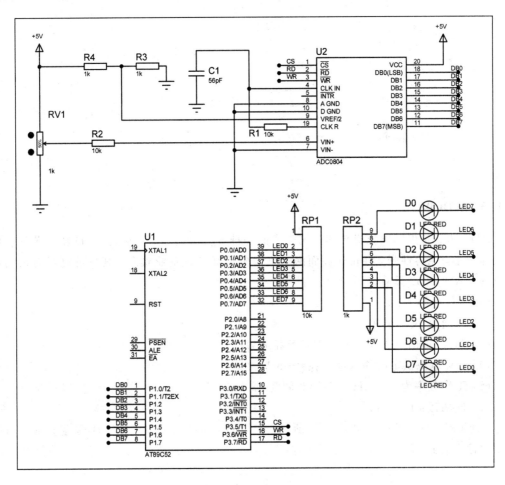

图 8-6　电平显示电路

电平显示电路程序范例：

```
#include<reg52.h>
sbit wr=P3^6;                    //A/D 写引脚
sbit rd=P3^7;                    //A/D 读引脚
sbit cs=P3^5;                    //A/D 片选脚
void delay(unsigned char i)      //延时程序
{unsigned char j,k;
    for(j=i;j>0;j--)
        for(k=125;k>0;k--);
}
void main()
{
    cs=0;
```

```
        P1＝0xff；
        while(1)
        {    cs＝0；
            wr＝0；
            wr＝1；                    //启动 A/D 转换
            delay(10)；
            rd＝0；
            delay(20)；
            P0＝～P1；                 //A/D 数据读取
            rd＝1；
            delay(20)；
        }
    }
```

8.1.3　ADC0832

ADC0832 是美国国家半导体公司生产的一种 8 位分辨率、双通道 A/D 转换芯片。由于它体积小，兼容性强，性价比高而深受单片机爱好者及企业欢迎，其目前已经有很高的普及率。ADC0832 具有以下特点：

（1）8 位分辨率；

（2）双通道 A/D 转换；

（3）输入/输出电平与 TTL/CMOS 相兼容；

（4）5 V 电源供电时输入电压在 0～5 V 之间；

（5）工作频率为 250 kHz，转换时间为 32 μs；

（6）低功耗：15 mW。

ADC0832 的引脚排列如图 8-7 所示，它能分别对两路模拟信号实现模/数转换，可以在单端输入方式和差分输入方式下工作。

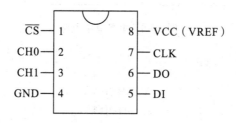

图 8-7　ADC0832 的引脚排列

ADC0832 引脚说明如下：

$\overline{\text{CS}}$：片选使能端，低电平有效。

CH0：模拟输入通道 0。

CH1：模拟输入通道 1。

GND：芯片接地端。

DI：数据信号输入端，选择通道控制。

DO：数据信号输出端，转换数据输出。

CLK：芯片时钟输入端。

VCC(VREF)：电源输入端及参考电压输入(复用)端。

ADC0832 的工作时序如图 8-8 所示。当 ADC0832 未工作时，必须将片选端$\overline{\text{CS}}$置于高电平，此时芯片禁用。当要进行 A/D 转换时，应将片选端$\overline{\text{CS}}$置于低电平并保持到转换结束。芯片开始工作后，还须让单片机向芯片的 CLK 端输入时钟脉冲，在第 1 个时钟脉冲的下降沿之前，DI 端的信号必须是高电平，表示起始信号。在第 2、3 个时钟脉冲的下降沿之前，DI 端则应输入两位数据用于选择通道功能：

当 DI 依次输入 1、0 时，只对 CH0 通道进行单通道转换；

当 DI 依次输入 1、1 时，只对 CH1 通道进行单通道转换；

当 DI 依次输入 0、0 时，将 CH0 作为正输入端"IN+"，CH1 作为负输入端"IN-"；

当 DI 依次输入 0、1 时，将 CH0 作为负输入端"IN-"，CH1 作为正输入端"IN+"。

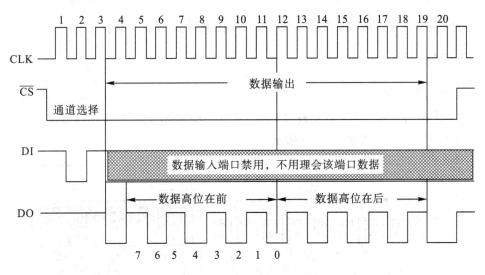

图 8-8 ADC0832 的工作时序

在第 3 个时钟脉冲的下降沿后，DI 端的输入电平就失去了作用，此后数据输出端 DO 开始输出转换后的数据。在第 4 个时钟脉冲的下降沿输出转换后数据的最高位，直到第 11 个时钟脉冲的下降沿输出数据的最低位。至此，一个字节的数据输出完成。然后，从此位开始输出下一个相反字节的数据，即从第 12 个时钟脉冲的下降沿输出数据的最低位，直到第 19 个时钟脉冲时数据输出完成，也标志着一次 A/D 转换完成。后一相反字节的 8 个数据位是作为校验位使用的，一般只读出第 1 个字节的前 8 个数据位即能满足要求。对于后 8 位数据，可以让片选端$\overline{\text{CS}}$置于高电平而将其丢弃。

正常情况下，ADC0832 与单片机的接口应为 4 条数据线，分别是$\overline{\text{CS}}$、CLK、DO、DI。但由于 DO 和 DI 两个端口在通信时并未同时使用，而是先由 DI 端口输入两位数据(0 或 1)来选择通道控制，再由 DO 端口输出数据。因此，在 I/O 口资源紧张时，可以将 DO 和 DI 并联在一根数据线上使用。

作为单通道模拟信号输入时，ADC0832 的输入电压范围为 0~5 V。当输入电压 VI 为 0 V 时，转换后的值为 0；而当输入电压 VI 为 5V 时，转换后的值为 0xff，即十进制数 255。所以转换后的输出值(数字量 D)为

$$D = \frac{255}{5}VI = 51\ VI$$

式中：D 为转换后的数字量；VI 为输入的模拟电压。

任务 8－1　基于 ADC0832 的 5V 直流数字电压表

◇ **任务目的**

利用 ADC0832 设计一个 5 V 直流数字电压表，要求将输入的直流电压转换成数字信号后，通过 1602 字符型 LCD 显示出来。

◇ **任务准备**

设备及软件：万用表、计算机、Keil μVision4 软件、Proteus 软件。

◇ **任务实施**

1. 任务分析

根据 ADC0832 的原理说明和数据手册，设计 ADC0832 与单片机的接口电路。采用的接口电路原理及仿真效果如图 8－9 所示。

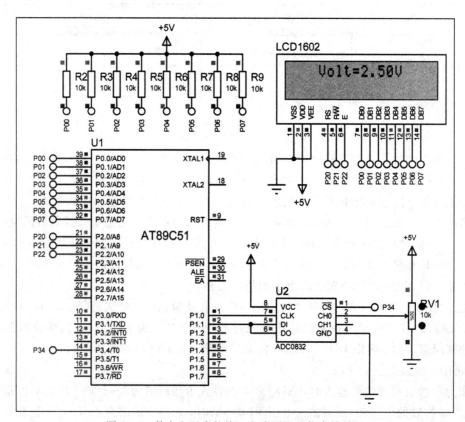

图 8－9　数字电压表的接口电路原理及仿真效果图

2. 实现方法

1）ADC0832 的启动

首先将 ADC0832 的片选端$\overline{\text{CS}}$置为低电平，然后在第 1 个时钟脉冲的下降沿之前将 DI 端置为高电平，即可启动 ADC0832。

2）通道选择的实现

本电路选择 CH0 作为模拟信号输入的通道。根据芯片资料，DI 在第 2、3 个时钟脉冲的下降沿之前，应分别输入 1 和 0。因为数据输入端 DI 与输出端 DO 并不同时使用，所以将它们并联在一根数据线（P1.1）上使用。

3）软件流程图

数字电压表软件流程图如图 8 - 10 所示。

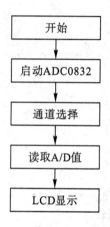

图 8 - 10　数字电压表软件流程图

3. 程序设计

程序设计范例源代码如下：

```
//基于 ADC0832 的数字电压表
#include<reg51.h>            //包含单片机寄存器的头文件
#include<intrins.h>         //包含_nop_()函数定义的头文件
sbit CS=P3^4;               //将CS位定义为 P3.4 引脚
sbit CLK=P1^0;              //将 CLK 位定义为 P1.0 引脚
sbit DIO=P1^1;              //将 DIO(DI 和 DO)位定义为 P1.1 引脚
unsigned char code digit[10]={"0123456789"};      //定义字符数组显示数字
unsigned char code Str[]={"Volt="};          //说明显示的是电压
/* * * * * * * * * * * * * * * * * * * * * * * * * * * * * * * * * * *
以下是对液晶模块的操作程序
 * * * * * * * * * * * * * * * * * * * * * * * * * * * * * * * * * * * */
sbit RS=P2^0;              //寄存器选择位，将 RS 位定义为 P2.0 引脚
sbit RW=P2^1;              //读写选择位，将 R/W 位定义为 P2.1 引脚
sbit E=P2^2;               //使能信号位，将 E 位定义为 P2.2 引脚
sbit BF=P0^7;              //忙碌标志位，将 BF 位定义为 P0.7 引脚
```

```
/ * * * * * * * * * * * * * * * * * * * * * * * * * * * * * * * * * * * * * * *
函数功能：延时 1 ms
(3j+2) * i＝(3×33＋2)×10＝1010(μs)，可以认为是 1 ms
* * * * * * * * * * * * * * * * * * * * * * * * * * * * * * * * * * * * * * * /
void delay1ms()
{
   unsigned char i, j;
     for(i=0;i<10;i++)
        for(j=0;j<33;j++);
}
/ * * * * * * * * * * * * * * * * * * * * * * * * * * * * * * * * * * * * * * *
函数功能：延时若干毫秒
入口参数：n
* * * * * * * * * * * * * * * * * * * * * * * * * * * * * * * * * * * * * * * /
void delaynms(unsigned char n)
{
   unsigned char i;
     for(i=0;i<n;i++)
        delay1ms();
}
/ * * * * * * * * * * * * * * * * * * * * * * * * * * * * * * * * * * * * * * *
函数功能：判断液晶模块的忙碌状态
返回值：result。result＝1，忙碌；result＝0，不忙
* * * * * * * * * * * * * * * * * * * * * * * * * * * * * * * * * * * * * * * /
bit BusyTest(void)
  {
    bit result;
    RS=0;                    //根据规定，RS 为低电平，R/W̄为高电平时，可以读状态
    RW=1;
    E=1;                     //E=1，才允许读写
    _nop_();                 //空操作
    _nop_();
    _nop_();
    _nop_();                 //空操作 4 个机器周期，给硬件反应时间
    result=BF;               //将忙碌标志电平赋给 result
   E=0;                      //将 E 恢复低电平
   return result;
  }
/ * * * * * * * * * * * * * * * * * * * * * * * * * * * * * * * * * * * * * * *
函数功能：将模式设置指令或显示地址写入液晶模块
入口参数：dictate
```

```
* * * * * * * * * * * * * * * * * * * * * * * * * * * * * * * * * * * * * * * /
void WriteInstruction（unsigned char dictate)
{
    while(BusyTest()==1);         //如果忙就等待
    RS=0;                         //根据规定，RS 和 R/W̄同时为低电平时，可以写入指令
    RW=0;
    E=0;                          //E 置低电平(写指令时，E 为高脉冲，就是让 E 从 0 到 1 发
                                  //生正跳变，所以应先置"0")
    _nop_();
    _nop_();                      //空操作 2 个机器周期，给硬件反应时间
    P0=dictate;                   //将数据送入 P0 口，即写入指令或地址
    _nop_();
    _nop_();
    _nop_();
    _nop_();                      //空操作 4 个机器周期，给硬件反应时间
    E=1;                          //E 置高电平
    _nop_();
    _nop_();
    _nop_();
    _nop_();                      //空操作 4 个机器周期，给硬件反应时间
    E=0;                          //当 E 由高电平跳变成低电平时，液晶模块开始执行命令
}
/ * * * * * * * * * * * * * * * * * * * * * * * * * * * * * * * * * * * * * *
函数功能：指定字符显示的实际地址
入口参数：x
 * * * * * * * * * * * * * * * * * * * * * * * * * * * * * * * * * * * * * * /
void WriteAddress(unsigned char x)
{
    WriteInstruction(x|0x80);     //显示位置的确定方法规定为"80H＋地址码 x"
}
/ * * * * * * * * * * * * * * * * * * * * * * * * * * * * * * * * * * * * * *
函数功能：将数据(字符的标准 ASCII 码)写入液晶模块
入口参数：y(为字符常量)
 * * * * * * * * * * * * * * * * * * * * * * * * * * * * * * * * * * * * * * /
void WriteData(unsigned char y)
{
    while(BusyTest()==1);
    RS=1;                         //RS 为高电平，R/W̄为低电平时，可以写入数据
    RW=0;
    E=0;                          //E 置低电平(写指令时，E 为高脉冲，就是让 E 从 0 到 1 发
                                  //生正跳变，所以应先置"0")
```

```
        P0＝y;                  //将数据送入 P0 口，即将数据写入液晶模块
        _nop_();
        _nop_();
        _nop_();
        _nop_();                //空操作 4 个机器周期，给硬件反应时间
        E＝1;                   //E 置高电平
        _nop_();
        _nop_();
        _nop_();
        _nop_();                //空操作 4 个机器周期，给硬件反应时间
        E＝0;                   //当 E 由高电平跳变成低电平时，液晶模块开始执行命令
}
/* * * * * * * * * * * * * * * * * * * * * * * * * * * * * * * * * * *
函数功能：对 LCD 的显示模式进行初始化设置
 * * * * * * * * * * * * * * * * * * * * * * * * * * * * * * * * * * */
void LcdInitiate(void)
{
        delaynms(15);            //延时 15 ms，首次写指令时应给 LCD 一段较长的反应时间
        WriteInstruction(0x38);  //显示模式设置：16×2 显示，5×7 点阵，8 位数据接口
        delaynms(5);             //延时 5 ms，给硬件一点反应时间
        WriteInstruction(0x38);
        delaynms(5);             //延时 5 ms，给硬件一点反应时间
        WriteInstruction(0x38);  //连续三次，确保初始化成功
        delaynms(5);             //延时 5 ms，给硬件一点反应时间
        WriteInstruction(0x0c);  //显示模式设置：显示开，无光标，光标不闪烁
        delaynms(5);             //延时 5 ms，给硬件一点反应时间
        WriteInstruction(0x06);  //显示模式设置：光标右移，字符不移
        delaynms(5);             //延时 5 ms，给硬件一点反应时间
        WriteInstruction(0x01);  //清屏幕指令，将以前的显示内容清除
        delaynms(5);             //延时 5 ms，给硬件一点反应时间

}


/* * * * * * * * * * * * * * * * * * * * * * * * * * * * * * * * * * *
函数功能：显示电压
 * * * * * * * * * * * * * * * * * * * * * * * * * * * * * * * * * * */
void display_volt(void)
{
    unsigned char i;
    WriteAddress(0x03);      //写显示地址
    i=0;                     //从第 1 个字符开始显示
    while(Str[i] ! = '\0')   //只要没有写到结束标志，就继续写
    {
```

```
        WriteData(Str[i]);      //将字符常量写入 LCD
        i++;                    //指向下一个字符
    }
}
```

```
/* * * * * * * * * * * * * * * * * * * * * * * * * * * * * * * * *
函数功能：显示电压的小数点
* * * * * * * * * * * * * * * * * * * * * * * * * * * * * * * * */
void display_dot(void)
{
    WriteAddress(0x09);         //写显示地址
    WriteData('. ');            //将小数点的字符常量写入 LCD
}
```

```
/* * * * * * * * * * * * * * * * * * * * * * * * * * * * * * * * *
函数功能：显示电压的单位(V)
* * * * * * * * * * * * * * * * * * * * * * * * * * * * * * * * */
void display_V(void)
{
    WriteAddress(0x0c);         //写显示地址
    WriteData('V');             //将字符常量写入 LCD
}
/* * * * * * * * * * * * * * * * * * * * * * * * * * * * * * * * *
函数功能：显示电压的整数部分
入口参数：x
* * * * * * * * * * * * * * * * * * * * * * * * * * * * * * * * */
void display1(unsigned char x)
{
    WriteAddress(0x08);         //写显示地址
    WriteData(digit[x]);        //将百位数字的字符常量写入 LCD
}
/* * * * * * * * * * * * * * * * * * * * * * * * * * * * * * * * *
函数功能：显示电压的小数部分
入口参数：x
* * * * * * * * * * * * * * * * * * * * * * * * * * * * * * * * */
void display2(unsigned char x)
{
    unsigned char i, j;
    i=x/10;                     //取十位(小数点后第 1 位)
    j=x%10;                     //取个位(小数点后第 2 位)
    WriteAddress(0x0a);         //写显示地址，将在第 1 行第 11 列开始显示
    WriteData(digit[i]);        //将小数部分的第 1 位数字字符常量写入 LCD
    WriteData(digit[j]);        //将小数部分的第 2 位数字字符常量写入 LCD
```

```
}
/* * * * * * * * * * * * * * * * * * * * * * * * * * * * * * * * * * * * *
函数功能：将模拟信号转换成数字信号
 * * * * * * * * * * * * * * * * * * * * * * * * * * * * * * * * * * * * */
unsigned char A_D()
{
    unsigned char i, dat;
    CS=1;                   //一个转换周期开始
    CLK=0;                  //为第1个脉冲作准备
    CS=0;                   //CS置0，片选有效
    DIO=1;                  //DIO 置1，规定的起始信号
    CLK=1;                  //第1个脉冲
    CLK=0;                  //第1个脉冲的下降沿，此前 DIO 必须是高电平
    DIO=1;                  //DIO 置1，通道选择信号
    CLK=1;                  //第2个脉冲，第2、3个脉冲的下降沿之前，DI 必须输入两
                            //位数据用于选择通道，这里选择通道 CH0
    CLK=0;                  //第2个脉冲的下降沿
    DIO=0;                  //DIO 置0，选择通道0
    CLK=1;                  //第3个脉冲
    CLK=0;                  //第3个脉冲的下降沿
    DIO=1;                  //第3个脉冲下沉之后，输入端 DIO 失去作用，应置1
    for(i=0;i<8;i++)        //高位在前
    {
      CLK=1;               //第4个脉冲
      CLK=0;
      dat<<=1;             //将下面储存的低位数据向右移
      dat=dat|DIO;         //将输出数据 DIO 通过或运算储存在 dat 最低位
    }
    CS=1;                   //片选无效
    return dat;             //将读出的数据返回
    }
/* * * * * * * * * * * * * * * * * * * * * * * * * * * * * * * * * * * *
函数功能：主函数
 * * * * * * * * * * * * * * * * * * * * * * * * * * * * * * * * * * * * */
main(void)
{
    unsigned int AD_val;       //储存 A/D 转换后的值
    unsigned char Int, Dec;    //分别储存转换后的整数部分与小数部分
    LcdInitiate();             //将液晶初始化
    delaynms(5);               //延时5 ms，给硬件一点反应时间
    display_volt();            //显示电压说明
    display_dot();             //显示电压的小数点
    display_V();               //显示电压的单位
```

```
    while(1)
    {
        AD_val= A_D();        //进行 A/D 转换
        Int=(AD_val)/51;      //计算整数部分
        Dec=(AD_val%51) * 100/51;    //计算小数部分
        display1(Int);        //显示整数部分
        display2(Dec);        //显示小数部分
        delaynms(250);        //延时 250 ms
    }
}
```

4. Proteus 软件仿真

经 Keil 软件编译通过后，可利用 Proteus 软件进行仿真。在 Proteus ISIS 编辑环境中绘制仿真电路图，将编译好的 hex 文件载入 AT89C51。启动仿真，即可看到液晶屏幕上显示出测量的电压值。

8.2　数/模(D/A)转换器件

单片机在执行内部程序后，往往要向外部受控部件输出控制信号，但它输出的信号是数字量，而部分受控部件只能接收模拟量，这就需要在单片机的输出端加上 D/A 转换器，将数字量转换成模拟量。能够实现 D/A 转换的器件称为 D/A 转换器或 DAC。

8.2.1　D/A 转换基本知识

D/A 转换即将数字量转化成与数字量成比例的模拟量，完成 D/A 转换的器件称为 D/A 转换器，常用 DAC 表示。D/A 按照转换数字的位数可分为 8 位、10 位、12 位等几种类型；按照输出模拟量的类型可分为电流输出型和电压输出型；按照与微处理器的接口形式可分为串行和并行。并行 DAC 占用的数据线多，输出速度快，但价格高；串行 DAC 占用的数据线少，方便隔离，性价比高，速度相对慢一些。就目前的使用情况看，工程上偏向于选用串行 DAC。在选择 DAC 芯片时，常涉及以下 5 个技术参数。

1) 分辨率

输入数字量变化 1 时，对应的输出模拟量的变化量即为分辨率。即相邻两个二进制对应的输出电压之差，可用最低位(LSB)表示。分辨率反映了输出模拟量的最小变化值。设 DAC 的数字量的位数为 n，则 DAC 的分辨率＝满量程电压/(2^n-1)。对于同等的满量程电压，DAC 的位数越多，则分辨率越高。因此，分辨率也常用 DAC 的数字量的位数来表示。

2) 转换精度

如果不考虑 D/A 转换的误差，DAC 转换精度就是分辨率的大小，因此，要获得高精度的 D/A 转换结果，首先要选择有足够高分辨率的 DAC。

D/A 转换精度分为绝对和相对转换精度，一般用误差大小表示。DAC 的转换误差包括零点误差、漂移误差、增益误差、噪声和线性误差、微分线性误差等综合误差。

　　绝对转换精度是指满刻度数字量输入时，模拟量输出接近理论值的程度。它和标准电源的精度、权电阻的精度有关。相对转换精度指在满刻度已经校准的前提下，整个刻度范围内，对应任意模拟量的输出与它的理论值之差。它反映了 DAC 的线性度。通常，相对转换精度比绝对转换精度更有实用性。

　　相对转换精度一般用绝对转换精度相对于满量程输出的百分数来表示，有时也用最低位(LSB)的几分之几表示。例如，设 V_{FS}(即满量程输出电压)为 5 V，n 位 DAC 的相对转换精度为 ±0.1%，则最大误差为 ±0.1% × V_{FS} = ±5 mV。

　　3) 非线性误差

　　D/A 转换器的非线性误差定义为实际转换特性曲线与理想特性曲线之间的最大偏差，并以该偏差相对于满量程的百分数度量。转换器电路设计一般要求非线性误差不大于 ±(1/2)LSB。

　　4) 转换时间

　　从数字量输入至 D/A 转换开始到 D/A 转换完成并输出对应的模拟量所需要的时间称为转换时间。转换时间反映了 DAC 的转换速度。

8.2.2　DAC0832

　　DAC0832 是美国国家半导体公司(National Semiconductor)生产的 8 位分辨率 D/A 转换芯片。这款 D/A 转换芯片以其价格低廉、接口简单、转换控制容易等优点，在单片机应用系统中得到了广泛应用。

1. DAC0832 的内部结构及工作原理

　　DAC0832 的内部结构如图 8-11 所示，其内部主要由一个 8 位输入锁存器、一个 8 位寄存器和一个 8 位转换器三部分组成。锁存器和寄存器可以分别进行控制，根据需要转换成多种工作方式。$\overline{LE1}$ 和 $\overline{LE2}$ 是锁存命令端。当 ILE=1、$\overline{CS}=\overline{WR1}=0$ 时，$\overline{LE1}=1$，输入锁存器的输出随输入变化；而当 $\overline{WR1}=1$ 时，$\overline{LE1}=0$，数据被锁存在输入锁存器中，不受输入量变化影响。当 $\overline{WR2}=\overline{XFER}=0$ 时，$\overline{LE2}=1$，允许 8 位寄存器的输出随输入变化。

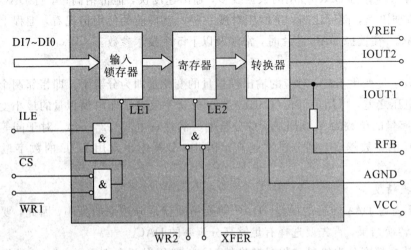

图 8-11　DAC0832 的内部结构框图

否则，$\overline{LE2}=0$，数据被锁存于寄存器。可以看出，能否进行 D/A 转换，取决于 $\overline{LE1}$ 和 $\overline{LE2}$ 的状态。通过 $\overline{CS}$、$\overline{WR1}$、$\overline{WR2}$、$\overline{XFER}$ 控制信号的变化，可以很灵活地实现对锁存器和寄存器的独立控制。

　　DAC0832 的转换器采用 R-2R T 型电阻网络进行 D/A 转换。转换器的工作原理是：待转换的数字信号经过数字接口控制各位相应的开关，以接通或断开各自的解码电阻，从而改变标准电源经电阻解码网络所产生的总电流，该电流经放大器放大后，输出与数字量相对应的模拟电压。

2. DAC0832 引脚介绍

DAC0832 采用双列直插式封装，引脚排列如图 8-12 所示。

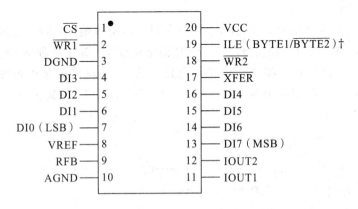

图 8-12　DAC0832 的引脚排列

各引脚功能如下：

DI0～DI7：8 位数据输入端，TTL 电平，有效时间应大于 90 ns。

ILE：数据锁存允许控制信号输入端，高电平有效。

$\overline{CS}$：片选信号输入端，低电平有效。

$\overline{WR1}$：输入寄存器的写选通信号输入端，负脉冲有效（脉冲宽度应大于 500ns）。当 $\overline{CS}=0$，ILE$=1$，$\overline{WR1}$ 有效时，DI0～DI7 状态被锁存到输入锁存器，形成第一级输入锁存。

$\overline{XFER}$：数据传输控制信号端，低电平有效。

$\overline{WR2}$：寄存器写选通信号输入端，负脉冲有效（脉冲宽度应大于 500ns）。当 $\overline{XFER}=0$ 且 $\overline{WR2}$ 有效时，输入锁存器的状态被传输到寄存器中，形成第二级锁存。

IOUT1：电流输出端，当输入全为 1 时，其电流最大。

IOUT2·：电流输出端，其值和 IOUT1 端的电流之和为一常数。

RFB：反馈电阻端，为外接的运算放大器提供一个反馈电压。

VCC：电源电压端，电压范围为 +5～+15 V。

VREF：基准电压输入端，输入电压范围为 -10～+10 V。

AGND：模拟地，为模拟信号和基准电源的参考地。

DGND：数字地，为工作电源地和数字逻辑地。

3. DAC0832 与单片机的接口设计

DAC0832 在与单片机连接时，主要考虑以下几个方面。

1）数字量输入端的连接

由于单片机的运行速度远远高于 D/A 转换速度，因此 D/A 转换器数字量输入端与单片机的接口中必须安置锁存器，锁存短暂的输出信号，为转换器提供足够时间的、稳定的数字信号。当 D/A 转换器内部没有输入锁存器时，必须在 CPU 与 D/A 转换器之间增设锁存器或 I/O 接口；若 D/A 转换器内部含有输入锁存器时，则可直接连接。从 DAC0832 的结构框图可知，DAC0832 内部有两级锁存，所以在与单片机连接时，只要将单片机的数据总线与 DAC0832 的 8 位数字输入端一一对应相接即可。

2）模拟量的输出

DAC0832 为电流输出型 D/A 转换器，要获得模拟电压输出，需外加运算放大器实现电流与电压的转换。其电压输出电路有单极性输出和双极性输出两种形式。如图 8-13 所示为两级运算放大器组成的模拟电压输出电路。从 V_D 端输出的是单极性模拟电压，从 V_{OUT} 端输出的是双极性模拟电压。参考电压为 +5 V 时，V_D 端输出电压为 0～-5 V，V_{OUT} 端输出电压为 ±5 V。

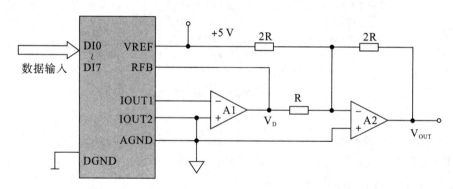

图 8-13　DAC0832 的模拟电压输出电路

3）外部控制信号的连接

外部控制信号主要有片选信号、写信号及启动信号。此外，还有电源及参考电平，可根据 D/A 转换器的具体要求进行选择。片选信号、写信号、启动信号是 D/A 转换器的主要控制信号，它们一般由 CPU 或译码器提供。

4. DAC0832 的工作方式

DAC0832 在使用时，可以通过对控制信号的不同设置来实现完全直通方式、单缓冲方式（只用一级输入锁存，另一级始终畅通）、双缓冲方式（两级输入锁存）三种工作方式。

完全直通方式是将输入锁存器和寄存器都设成跟随状态，只要有数字量输入，立即进行 D/A 转换，这种方式在实际应用中很少使用。

1）单缓冲方式

单缓冲方式是使输入锁存器和寄存器中的任意一个始终工作于直通状态，另一个处于受控的锁存器状态。在单片机应用系统中，当只有一路模拟量输出，或虽然有几路模拟量，但不需要同步输出时，就可以采用单缓冲方式。在这种方式下，将两级寄存器的控制信号并联，在控制信号的作用下，数据经过始终处于畅通状态的 8 位输入锁存器直接进入寄存器中。如图 8 - 14 所示，ILE 接+5 V，片选信号端$\overline{CS}$和数据传输控制信号端都接至单片机的 P2.7，这样，8 位输入锁存器的地址就是 7FFFH。当 CPU 选通 DAC0832 后，只要输出$\overline{WR}$信号，CPU 就对 DAC0832 执行一次写操作，把一个 8 位数字信号直接写入DAC0832，然后经 D/A 转换输出为模拟信号。

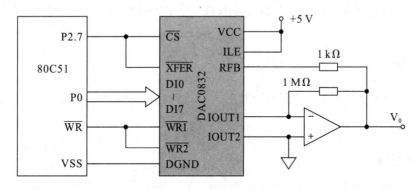

图 8 - 14　DAC0832 单缓冲工作方式应用

2）双缓冲方式

双缓冲器方式主要用于需要同时输出几路模拟信号的场合。此时，每一路模拟量输出需要一片 DAC0832，从而构成多个 DAC0832 同步输出系统。这种方式要求 DAC0832 的输入锁存器的锁存信号和寄存器的锁存信号分开控制。图 8 - 15 所示为两路模拟量同步输出电路，DAC0832(1)输入锁存器的$\overline{CS}$接至单片机的 P2.5，相应的 DAC0832(1)输入锁存器的地址为DFFFH，DAC0832(2)输入锁存器的$\overline{CS}$接至单片机的 P2.6，相应的输入锁存器的地址为BFFFH，两个 DAC0832 的$\overline{XFER}$都接至单片机的 P2.7，所以寄存器的地址为 7FFFH。

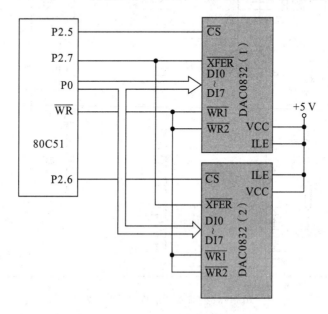

图 8 - 15　DAC0832 双缓冲工作方式应用

任务 8–2 用 DAC0832 产生三角波电压

◇ 任务目的

设计一个简易三角波信号发生器，采用 DAC0832 将数字信号转换为 0～＋5V 的三角波电压输出。

◇ 任务准备

设备及软件：万用表、计算机、Keil μVision4 软件、Proteus 软件。

◇ 任务实施

1. 任务分析

在只要求有一路模拟量输出或几路模拟量不需要同时输出的场合，DAC0832 和 MCS–51系列单片机的接口电路如图 8–16 所示。图 8–16 所示电路中，VCC、ILE 并联于＋5V电源，$\overline{WR1}$、$\overline{WR2}$并联于单片机的 P3.6 引脚；$\overline{CS}$、$\overline{XFER}$并联于 P2.7（片选端）引脚。此时，DAC0832 相当于一个单片机外部扩展的存储器，地址为 7FFFH。只要采用对片外存储器寻址的方法将数据写入该地址，DAC0832 就会自动开始 D/A 转换。

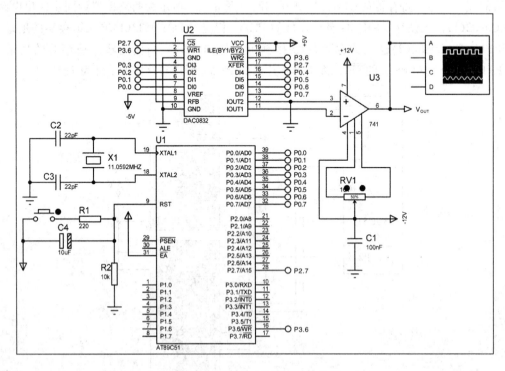

图 8–16 简易三角波信号发生器

DAC0832 的输出是电流型的，但实际应用中往往需要的是电压输出信号，所以电路中需要采用运算放大器来实现电流/电压转换。输出电压值：

$$V_o = -D \times \frac{VREF}{255}$$

式中：D 为输出的数据字节，取值范围为 0~255；VREF 为基准电压。所以，只要改变输入 DAC0832 的数字量，输出的电压就会发生变化。

2. 程序设计

(1) 选中 DAC0832。单片机通过 P2.7 送出一个低电平到 DAC0832 的 $\overline{CS}$ 和 $\overline{XFER}$ 引脚，DAC0832 就被选中；再通过 P3.6 输出低电平信号送至 $\overline{WR1}$ 和 $\overline{WR2}$ 引脚，使能 DAC0832 的写选通信号。

(2) 向 DAC0832 输入数据。单片机通过 P0 口向 DAC0832 输入 8 位数据。

(3) DAC0832 对送来的数据进行 D/A 转换，并从 IOUT1 端输出信号电流。

(4) 将 Keil 开发环境的目标选项卡中 C51 的代码优化级别设置为 0 级别。

参考程序范例如下：

```
//用 DAC0832 产生三角波电压
#include <reg51.h>          //单片机寄存器的头文件
#include <absacc.h>         //绝对地址访问头文件
#define DAC0832 XBYTE[0x7fff]
sbit CS=P2^7;               //将CS位定义为 P2.7 引脚，输出低电平时选中 DAC0832
sbit WR12=P3^6;             //将WR12(WR1 与 WR2 连在一起)位定义为 P3.6 引脚，输
                           //出低电平时使能 DAC0832 的写选通信号

void main(void)
{
  unsigned char i;
  CS=1;
  WR12=1;
  while(1)
  {
    for(i=0;i<255;i++)
    {
      DAC0832=i;            //将数据 i 送入片外地址 07FFFH
                           //实际上是通过 P0 口将数据送入 DAC0832
    }
    for(i=255;i>0;i--)
    {
      DAC0832=i;            //将数据 i 送入片外地址 07FFFH
                           //实际上是通过 P0 口将数据送入 DAC0832
    }
  }
}
```

3. Proteus 软件仿真

经 Keil 软件编译通过后，可利用 Proteus 软件进行仿真。在 Proteus ISIS 编辑环境中绘制仿真电路图，将编译好的 hex 文件载入 AT89C51。启动仿真后再将示波器的电压幅

值设置为 1 V 格，分辨率设置为 1 ms/格，即可看到如图 8-17 所示的三角波电压输出。

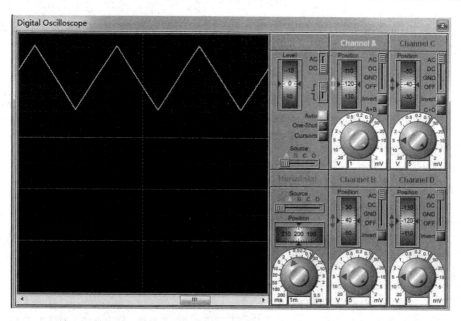

图 8-17　简易三角波信号发生器的仿真波形图

本 章 小 结

　　模/数转换与数/模转换在实际工程中应用广泛，因此，掌握模/数转换芯片与数/模转换芯片的应用技术是十分必要的。虽然模/数转换芯片与数/模转换芯片的型号繁多，但只要熟练掌握几款芯片的使用，能够识读芯片的数据手册，看懂时序图，就可以举一反三。

习　　题

一、填空题

　　1. A/D 转换过程由_____、_____、_____、_____四个步骤组成。

　　2. D/A 转换器的功能是将_____量转化成与数字量成比例的_____量。

　　3. DAC0832 在使用时，可以通过对控制信号的不同设置而实现_____、_____（只用一级输入锁存，另一级始终畅通）、_____（两级输入锁存）三种工作方式。

　　4. D/A 转换器按照输出模拟量的类型可分为_____型和_____型。

二、选择题

　　1. ADC0832 的分辨率是(　　)。

A. 8 位　　　　　　　　B. 12 位　　　　　　　　C. 16 位　　　　　　　　D. 24 位

　　2. DAC0832 的数字量的位数是(　　)。

A. 8 位　　　　　　　　B. 10 位　　　　　　　　C. 12 位　　　　　　　　D. 16 位

　　3. 下面(　　)选项不属于 A/D 转换器的主要技术指标。

A. 转换时间　　　　　　B. 分辨率　　　　　　C. 封装类型　　　　　　D. 转换速度

4.8 位 A/D 转换器的数字输出量的变化范围为 0～255,当输入电压的满刻度为 5 V 时,数字量每变化一个数字所对应输入模拟电压的值为(　　　)。

A. 50 mV　　　　　　B. 19.6 mV　　　　　　C. 30 mV　　　　　　D. 0.1 V

三、判断题

1. ADC0804 是 12 位并行模/数转换芯片。　　　　　　　　　　　　　　　　(　　)

2. ADC0832 是 8 位串行模/数转换芯片。　　　　　　　　　　　　　　　　(　　)

3. D/A 转换精度分为绝对和相对转换精度,一般用误差大小表示。　　　　(　　)

4. 按照与微处理器的接口形式,DAC 可分为串行 DAC 和并行 DAC。　　　(　　)

四、综合设计题

1. 已知由 ADC0832、1602 字符型 LCD 和 AT89C51 单片机组成的简易数字电压表接口电路如图 8-9 所示。如果要将量程扩展到直流 24 V,硬件电路应如何改进?原来的程序应如何修改?修改后用 Proteus 软件仿真验证。

2. 利用 DAC0832 设计一个简易正弦波信号发生器,画出电路图并编写控制程序,用 Proteus 软件仿真验证。

3. 利用 DAC0832 设计一个矩形脉冲发生器,高电平(+12 V)的脉宽为 500 μs,低电平(0 V)的脉宽为 250 μs,画出电路原理图并编写程序,用 Proteus 软件仿真验证。

第9章 综 合 实 践

任务 9－1　完成一个单片机开发板电路的设计与制作

◇ 任务目的

设计一块单片机开发板，要求能够完成 LED 流水灯实验、数码管显示实验、液晶显示实验、按键操作实验、串口通信实验。

◇ 任务准备

工具：电烙铁、吸锡器、镊子、剥线钳、尖嘴钳、斜口钳。
设备：万用表、示波器、计算机。
材料：单片机开发板、USB 电缆。

◇ 任务实施

1. 任务分析

根据功能需求可知，该单片机开发板需要具有 LED 显示电路、数码管显示电路、液晶显示电路、按键识别电路、串口通信电路等。查阅相关器件的数据手册，设计单片机与外设的接口电路，绘制 PCB 图并装配焊接。

2. 原理图设计

1) 主控电路的设计

主控电路如图 9－1 所示。单片机采用 STC89C52，通过 40 脚的锁紧座接入电路，即 U1 采用 40 脚的锁紧座的封装。排阻 R4 为 P0 口的上拉电阻。

2) 电源电路的设计

电源电路如图 9－2 所示。S6 为电源开关，C9、C12 为电源滤波电容，D9 为电源指示灯，R16 为限流电阻。

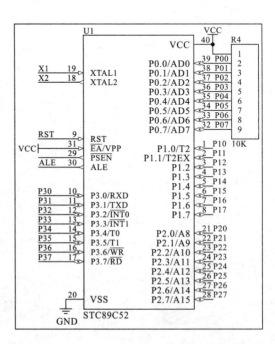

图 9－1　主控电路

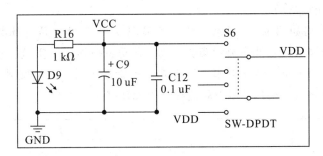

图 9 - 2　电源电路

3）时钟电路的设计

时钟电路如图 9 - 3 所示。晶体振荡器采用 12 MHz 晶振，电容 C2、C3 采用 30 pF 的瓷片电容，用于稳定时钟频率。

4）复位电路的设计

复位电路如图 9 - 4 所示。

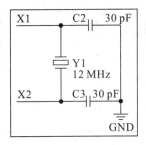

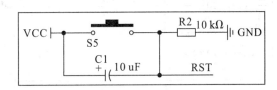

图 9 - 3　时钟电路　　　　　　　　　　图 9 - 4　复位电路

5）LED 流水灯电路的设计

由于传统 51 单片机的端口输出电流小，吸入电流大，故采用共阳极 LED 的接法，即负逻辑驱动，如图 9 - 5 所示。负逻辑驱动是指：当端口输出 1 时 LED 熄灭，当端口输出 0 时 LED 点亮。

6）按键电路的设计

按键电路如图 9 - 6 所示。由于按键较少，按键采用独立键盘方式，这样软件编程简单，有利于初学者入门。

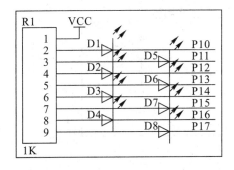

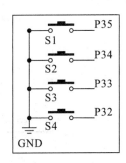

图 9 - 5　LED 流水灯电路　　　　　　　图 9 - 6　按键电路

7）数码管显示电路的设计

数码管显示电路如图 9-7 所示。数码管采用 0.28 英寸 4 位一体共阳极时钟数码管 SR410281K，可开展数码管静态显示实验、数码管动态扫描显示实验、电子时钟实验。P7 为双列直插排针，上面可安装跳线帽。当需要数码管显示时，把跳线帽装上；当不需要数码管显示时，可把跳线帽去掉，用于避免硬件资源冲突。

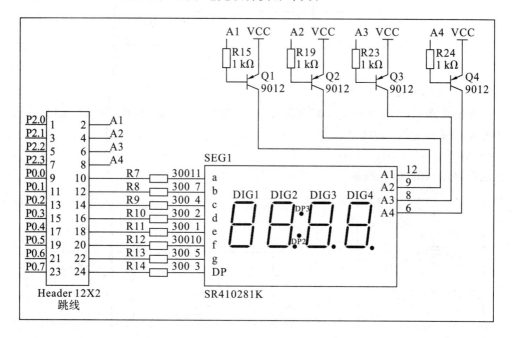

图 9-7　数码管显示电路

8）1602 字符型 LCD 显示电路的设计

1602 字符型 LCD 接口电路如图 9-8 所示。P5 为单列直插排针，用于连接 1602 字符型 LCD，W1 为液晶屏对比度调节电位器，R3 为限流电阻。

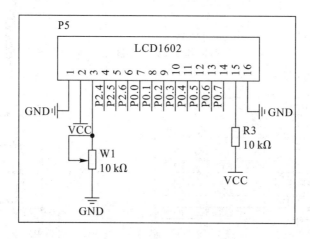

图 9-8　1602 字符型 LCD 接口电路

9）12864 液晶屏显示电路的设计

12864 液晶屏接口电路如图 9－9 所示。P6 为单列直插排针，用于连接 12864 液晶屏，W2 为 12864 液晶屏对比度调节电位器。

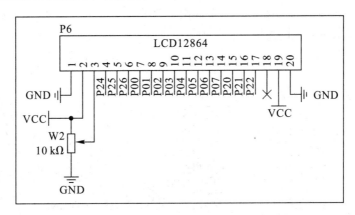

图 9－9　12864 液晶屏接口电路

10）串口通信电路的设计

串口通信芯片采用 MAX232。MAX232 芯片是美信（MAXIM）公司专为 RS－232 标准串口设计的单电源电平转换芯片。串口通信电路如图 9－10 所示。应当注意的是，由于 RS－232 电平较高，在接通时产生的瞬时浪涌电流较大，有可能损坏 MAX232，所以在使用中应尽量避免热插拔 RS－232 接口。

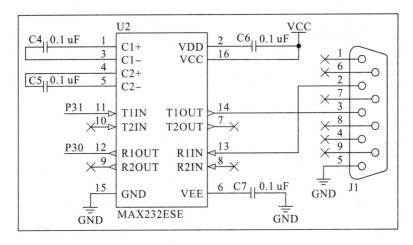

图 9－10　串口通信电路

11）USB 转串口电路的设计

现在很多笔记本电脑上没有 RS－232 串行接口，为了便于笔记本通过 USB 电缆直接连接单片机开发板进行串行程序下载、调试或通信，我们在单片机开发板上设计了 USB 转串口电路。USB 转串口芯片采用 PL2303，该芯片是 Prolific 公司生产的一种高度集成的 RS－232 与 USB 接口转换器，可提供一个 RS－232 全双工异步串行通信装置与 USB 功能接口便利连接的解决方案。

PL2303 内置 USB 功能控制器、USB 收发器、振荡器和带有全部调制解调器控制信号的 UART，只需外接几只电容就可实现 USB 信号与 RS - 232 信号的转换，能够方便地嵌入到各种设备；该器件作为 USB/RS - 232 双向转换器，一方面从主机接收 USB 数据并将其转换为 RS - 232 信息流格式发送给外设，另一方面从 RS - 232 外设接收数据转换为 USB 数据格式传送回主机。这些工作全部由器件自动完成，开发者无需考虑固件设计电路。USB 转串口电路原理图如图 9 - 11 所示。

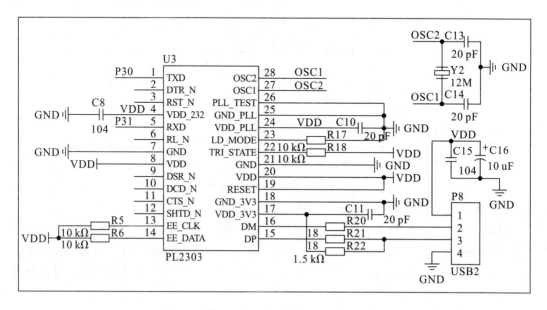

图 9 - 11 USB 转串口电路

12）外设 I/O 端口电路的设计

为了便于做扩展实验，或在项目开发时，用单片机开发板做前期验证使用，将单片机的所有 I/O 口引出，采用杜邦线方便地连接至对应的排针上。外设 I/O 端口电路如图 9 - 12所示。

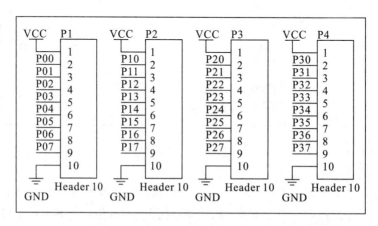

图 9 - 12 外设 I/O 端口电路

至此，电路原理图已绘制完毕，完整的单片机开发板电路原理图如图 9 - 13 所示。

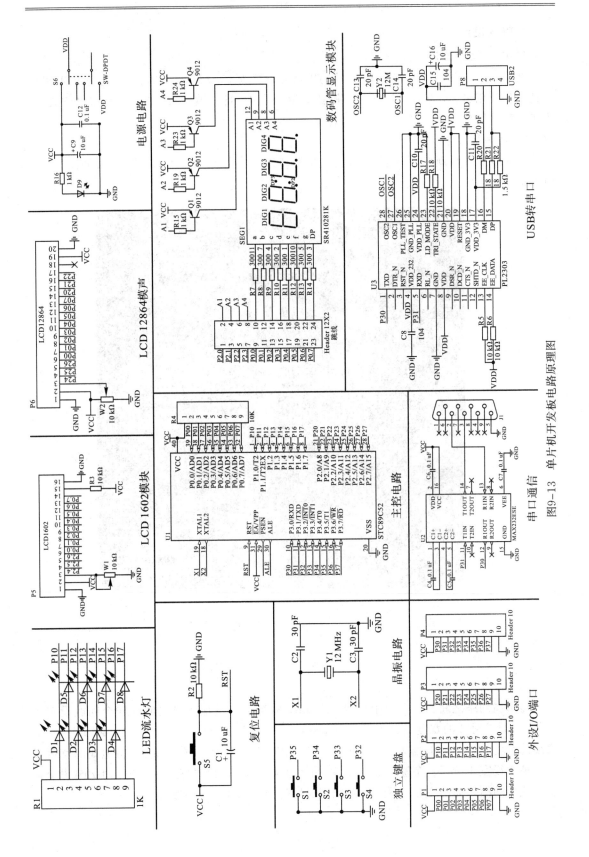

图9-13　单片机开发板电路原理图

3. PCB 设计

1）PCB 尺寸设计

新建一个 PCB 文件，将其 PCB 的物理尺寸设置为 10 cm×10 cm。为了避免 PCB 的四个角扎伤使用者，电路板的四角采用圆弧形设计，四角部位放置直径为 3.5 mm 的安装孔，用于安装支撑件。

2）元件导入与布局

将元器件由原理图更新至 PCB 图，并手动进行元件布局，布局后的结果如图 9 - 14 所示。

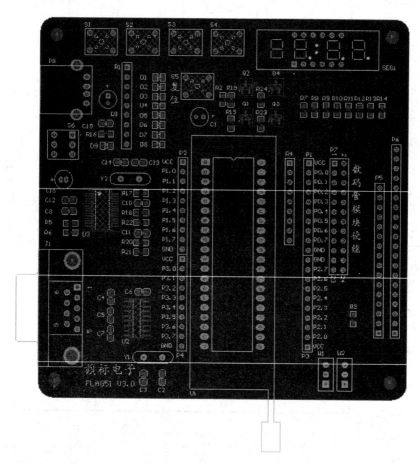

图 9 - 14　元件手动布局后的 PCB 图

3）规则设置与布线

将不同网络之间的安全间距设置为 7 mil，将覆铜与其他网络之间的安全间距设置为 20 mil。将信号线的宽度设置为最小线宽 8 mil、首选线宽 12 mil、最大线宽 40 mil。将电源线的宽度设置为最小线宽 10 mil、首选线宽 25 mil、最大线宽 40 mil。将地线的宽度设置为最小线宽 10 mil、首选线宽 30 mil、最大线宽 40mil。设置好规则后进行手动布线，顶层布线后的结果如图 9 - 15 所示，布线完成后的结果如图 9 - 16 所示。

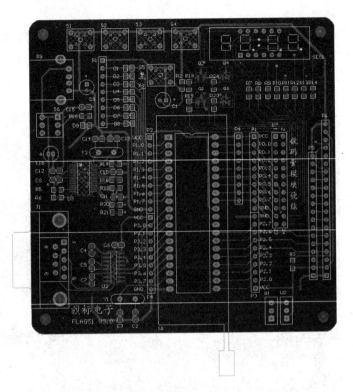

图 9-15　顶层布线后的 PCB 图

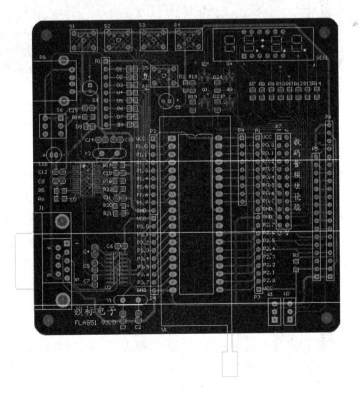

图 9-16　布线完成后的 PCB 图

4）补泪滴与地线覆铜

为了让焊盘更坚固，防止机械制板时焊盘与导线之间断开，在焊盘和导线之间进行补泪滴操作。为了增大地线面积，降低地线阻抗，使信号传输稳定，降低电磁辐射干扰，增强 PCB 的电磁兼容性，对地线进行覆铜。补泪滴与地线覆铜后的结果如图 9-17 所示。

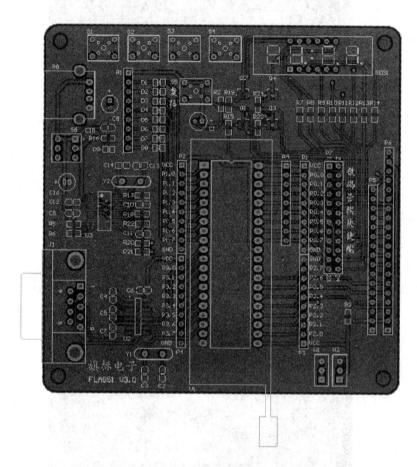

图 9-17 补泪滴与地线覆铜后的 PCB 图

5）设计规则检查与三维视图预览

PCB 布线完成后对 PCB 进行设计规则检查，如果在设计规则检查过程中发现有违规的地方，将会在信息窗口中罗列出来，我们可以根据信息窗口中的提示信息进行整改。如果 PCB 通过了设计规则检查，我们可以观看 PCB 的三维视图，在 PCB 生产之前对 PCB 的外观进行预览。单片机开发板的三维视图如图 9-18 所示。如果上述结果符合预期，就可以考虑进行 PCB 打样试生产了。

6）制造输出

前面我们设计了一块 PCB，接下来将根据 PCB 文件，生成制造文件（Gerber 文件），最后将 Gerber 文件交付 PCB 生产厂商，由厂商生产加工 PCB。另外，我们可以根据原理图生成元件清单，根据清单采购元器件。

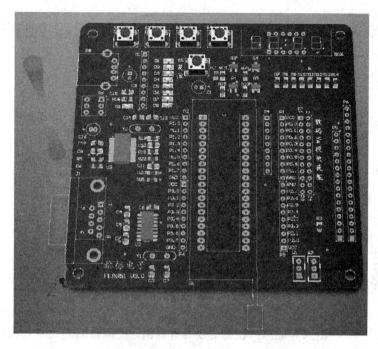

图 9－18　单片机开发板的三维视图

4. 单片机开发板的装配与焊接

PCB 和元件到货后，我们就可以开始单片机开发板的装配与焊接了，焊接后的单片机开发板如图 9－19 所示。

图 9－19　单片机开发板实物图

任务 9–2　完成单片机开发板的使用和程序的下载

◇ 任务目的

设计一段单片机开发板的自检程序，并将其下载至单片机 STC89C52，对单片机开发板进行测试。

◇ 任务准备

设备及软件：万用表、计算机、Keil μVision 4 软件、Proteus 软件。

材料：单片机开发板、USB 电缆。

◇ 任务实施

1. 任务分析

自检程序根据单片机开发板的硬件电路进行设计，尽量实现单片机开发板各部分硬件的检测功能，如 LED 流水灯电路的检测、数码管检测、按键检测等。单片机开发板下载程序只需接一条 USB 电缆，在电脑上装好驱动程序，下载编程烧录软件即可。

2. 实现方法

1）安装 PL2303 驱动

根据计算机的操作系统选择合适的 PL2303 驱动进行安装，驱动安装后将单片机开发板通过 USB 电缆连接至计算机的 USB 接口，此时可打开设备管理器，查看端口，发现端口比之前多了一个 COM 端口（显示 Prolific USB‐to‐Serial Comm Port(COM∗)，其中"∗"是一个随机的数字），说明驱动安装成功。

2）安装 STC‐ISP 下载编程烧录软件

可在宏晶科技的网站 http：//www.stcmcu.com/下载最新版本的 STC‐ISP 编程烧录软件。

3）单片机开发板自检程序设计

程序设计范例源代码如下：

```
#include <REGX52.H>
#define S1 P3_5
#define S2 P3_4
#define S3 P3_3
#define S4 P3_2
#define LED P1
//延时函数
void DELAYMS(unsigned j)
{unsigned char k;
    while(j—)
    for(k=0;k<123;k++);
```

```c
}
//LED 流水灯测试函数
void LED_TEST(void)
{unsigned char i;
    for(i=3;i>0;i--)
    {
        LED = 0X00；
        DELAYMS(200)；
        LED = 0XFF；
        DELAYMS(200)；
    }

}
//数码管显示测试函数
void SEGMENT_TEST(void)
{unsigned char i=3；
    while(i--)
    {
        //P2 = 0XF0；
        P2 &= 0XF0；
        P0 = 0X00；
        DELAYMS(200)；
        //P2 = 0XFF；
        P2 |= 0X0F；
        P0 = 0XFF；
        DELAYMS(200)；
    }
}
//按键测试函数
void KEY_TEST(void)
{
    S1 = 1；
    S2 = 1；
    S3 = 1；
    S4 = 1；
    if(S1 == 0)
    {
        LED = 0XF0；
    }
    if(S2 == 0)
    {
        LED = 0X0F；
    }
```

```
        if(S3 == 0)
        {
            LED = 0X55;
        }
        if(S4 == 0)
        {
            LED = 0X33;
        }
    }


    void main(void)
    {
        LED_TEST();        //测试 LED 流水灯电路
        SEGMENT_TEST();//测试数码管显示电路
        while(1)
        {
            KEY_TEST();//测试按键电路
        }
    }
```

任务 9–3　用自增运算控制 8 位 LED 的流水花样 1

◇ 任务目的

用自增运算控制 P1 口 8 位 LED 的流水花样，采用单片机开发板验证程序的运行情况。

◇ 任务准备

设备及软件：万用表、计算机、Keil μVision4 软件、Proteus 软件。

材料：单片机开发板、USB 电缆。

◇ 任务实施

1. 任务分析

只要送到 P1 口的数值发生变化，P1 口 8 位 LED 点亮的状态就会发生变化。可以先将变量的初值送到 P1 口延时一段时间，再利用自增运算使变量加 1，然后将新的变量值送到 P1 口并延时一段时间，即可使 8 位 LED 的闪烁花样不断变化。

2. 程序设计

参考程序范例如下：

```
//用自增运算控制 P1 口 8 位 LED 流水花样
#include<reg51.h>    //包含单片机寄存器的头文件
```

```
/ * * * * * * * * * * * * * * * * * * * * * * * * * * * * * * * * *
函数功能：延时一段时间
 * * * * * * * * * * * * * * * * * * * * * * * * * * * * * * * * */
void delay(void)
{
  unsigned int i;
    for(i=0;i<20000;i++)
        ;
}
/ * * * * * * * * * * * * * * * * * * * * * * * * * * * * * * * * *
函数功能(g)：主函数
 * * * * * * * * * * * * * * * * * * * * * * * * * * * * * * * * */
void main(void)
{
  unsigned char i;
  for(i=0;i<255;i++)        //注意 i 的值不能超过 255
    {
      P1=i;                 //将 i 的值送 P1 口
      delay();              //调用延时函数
    }
}
```

任务 9－4　8 位 LED 的流水花样 2

◇ **任务目的**

设计一段程序实现 8 位 LED 逐渐点亮，首先点亮一个 LED，之后逐渐增加点亮的 LED 数量，采用单片机开发板验证程序的运行情况。

◇ **任务准备**

设备及软件：万用表、计算机、Keil μVision4 软件、Proteus 软件。
材料：单片机开发板、USB 电缆。

◇ **任务实施**

1. 任务分析

可以先声明一个变量并将其初值赋值为 0xfe，目的是使 P1.0 端口外接的 LED 先点亮。将变量送到 P1 口，再将变量左移 1 位为下一个 LED 同时点亮做准备，延时一段时间，不断循环即可实现 8 位 LED 逐渐点亮。

2. 程序设计

参考程序范例如下：

```
//8 位 LED 的流水花样 2
//8 位 LED 逐渐点亮，首先点亮一个 LED，之后逐渐增加点亮的 LED 数量
#include <REGX51.H>
unsigned char temp = 0x01;
void delay()    //延时函数
{
    unsigned int i = 0;
    for(i = 0;i<30000;i++)
    {
    }
}
void main()
{
    while(1)
    {
        unsigned char k = 0;
        temp = 0xfe;
        for(k = 0; k < 8; k++)
        {
            P1 =    temp;
            temp <<= 1;  //左移 1 位，为了点亮下一个 LED
            delay();
        }
    }
}
```

3. 硬件试验

将程序编译成功后生成的 hex 文件通过 STC - ISP 编程烧录软件下载至 STC89C52 芯片中，通电运行即可看到实验结果。

任务 9 - 5　8 位 LED 的流水花样 3

◇ **任务目的**

设计一段程序实现 8 位 LED 逐个点亮，同一时刻只有一个 LED 点亮，采用单片机开发板验证程序的运行情况。

◇ **任务准备**

设备及软件：万用表、计算机、Keil μVision4 软件、Proteus 软件。

材料：单片机开发板、USB 电缆。

◇ **任务实施**

1. 任务分析

首先声明一个变量并将其初值赋值为 0x01。将变量的值按位取反后送到 P1 口,将变量左移 1 位为下一个 LED 点亮做准备。延时一段时间以便人的眼睛能够分辨清楚,不断循环即可实现 8 位 LED 逐个点亮。同一时刻只有一个 LED 点亮。

2. 程序设计

参考程序范例如下:

```
//8 位 LED 的流水花样 3
//8 位 LED 逐个点亮,同一时刻只有一个 LED 点亮
#include <REGX51.H>
unsigned temp = 0x01;
void delay()//延时函数
{
    unsigned int i = 0;
    for(i = 0;i<30000;i++)
    {
    }
}
void main()
{
    while(1)
    {
        unsigned char k = 0;
        temp = 0x01;
        for(k = 0; k < 8; k++)
        {
            P1 = ~temp;        //每次点亮一个 LED
            temp <<= 1;         //左移 1 位,为了点亮下一个 LED
            delay();
        }
    }
}
```

◇ **硬件试验**

将程序编译成功后生成的 hex 文件通过 STC - ISP 编程烧录软件下载至 STC89C52 芯片中,通电运行即可看到实验结果。

本 章 小 结

本章以单片机开发为例简单介绍了电路原理图设计、PCB 设计的一般过程;简单介绍

了单片机开发板的使用与程序下载。要掌握好单片机技术，还需要同学们多思考多实践。

习　题

一、填空题

1. PL2303 芯片的功能是 _____。

2. 单片机 AT89C51 片内集成了 _____ KB 的 FLASH ROM，共有 _____ 个中断源。

3. 2 位十六进制数最多可以表示 _____ 个存储单元。

4. 当 CPU 访问片外的存储器时，其低 8 位地址由 _____ 口提供，高 8 位地址由 _____ 口提供，8 位数据由 _____ 口提供。

二、选择题

1. STC89C52 是以下哪个公司的产品？（　　）

A. Intel　　　　　　B. 宏晶科技　　　　　　C. Atmel　　　　　　D. Philips

2. MCS - 51 系列单片机属于（　　）体系结构。

A. 冯诺依曼　　　　B. 普林斯顿　　　　　　C. 哈佛　　　　　　　D. 图灵

3. AT89C51 是以下哪个公司的产品？（　　）

A. Intel　　　　　　B. AMD　　　　　　　　C. Atmel　　　　　　D. Philips

4. MCS - 51 系列单片机的（　　）口的引脚，还具有外部中断、串行通信等第二功能。

A. P0　　　　　　　B. P1　　　　　　　　　C. P2　　　　　　　　D. P3

三、判断题

1. 单片机 AT89C51 复位后，其 PC 指针初始化为 0000H，使单片机从该地址单元开始执行程序。　　　　　　　　　　　　　　　　　　　　　　　　　　　　（　　）

2. 单片机系统上电后，其内部 RAM 的值是不确定的。　　　　　　　　　（　　）

3. 中断的矢量地址位于 RAM 区中。　　　　　　　　　　　　　　　　　（　　）

4. 在单片机和 PC 的通信中，使用芯片 MAX232 是为了进行电平转换。　（　　）

5. 看门狗通过软件和硬件的方式在一定的周期内监控单片机的运行状况，如果在规定时间内没有收到来自单片机的清除信号，也就是我们通常所说的没有及时喂狗，则系统会强制复位，以保证系统在受干扰时仍然能够维持正常的工作状态。　　　　　（　　）

四、综合设计题

1. 根据单片机开发板的硬件电路设计一个秒表，用 4 位时钟数码管显示时间。

2. 设计一个温度计，利用单片机开发板做前期验证，用数码管显示测量的温度。

3. 设计一个超声波测距仪，利用单片机开发板做前期验证，用数码管显示距离。

4. 设计一个红外解码装置，将红外遥控器发出的红外信号接收后进行解码处理，利用单片机开发板做前期验证，用 1602 液晶屏显示红外的编码内容。